2023

天津科技统计年鉴

天津市科学技术局
天 津 市 统 计 局　编
天津市教育委员会

科学技术文献出版社
SCIENTIFIC AND TECHNICAL DOCUMENTATION PRESS
·北京·

图书在版编目（CIP）数据

2023天津科技统计年鉴 / 天津市科学技术局, 天津市统计局, 天津市教育委员会编. -- 北京 : 科学技术文献出版社, 2024. 6. -- ISBN 978-7-5235-1530-3

Ⅰ. G322. 721-54

中国国家版本馆 CIP 数据核字第 2024BF9813 号

2023天津科技统计年鉴

策划编辑：郝迎聪　　责任编辑：韩　晶　　责任校对：王瑞瑞　　责任出版：张志平

出 版 者　科学技术文献出版社
地　　址　北京市复兴路15号　　邮编 100038
出 版 部　(010) 58882941，58882087（传真）
发 行 部　(010) 58882868，58882870（传真）
邮 购 部　(010) 58882873
官方网址　www.stdp.com.cn
发 行 者　科学技术文献出版社发行　全国各地新华书店经销
印 刷 者　北京厚诚则铭印刷科技有限公司
版　　次　2024 年 6 月第 1 版　2024 年 6 月第 1 次印刷
开　　本　889 × 1194　1/16
字　　数　347千
印　　张　15.25
书　　号　ISBN 978-7-5235-1530-3
定　　价　68.00元

《天津科技统计年鉴》
编辑委员会

《天津科技统计年鉴》
编辑部

鸣谢单位

（排名不分先后）

天津市科学技术局战略规划处（研究室）

天津市科学技术局智能科技处

天津市科学技术局实验室工作处

天津市科学技术局低碳科技处

天津市科学技术局科技成果与技术市场处

天津市科学技术局创新体系处

天津市统计局社会科技和文化产业统计处（人民生活调查处）

天津市统计局工业统计处

天津市统计局国民经济综合统计处

天津市教育委员会科学技术与研究生工作处（学位办）

天津市知识产权局专利管理处（专利代办处）

天津市发展和改革委员会创新和高技术发展处

天津市工业和信息化局科技处

天津市科学技术协会学会学术部（院士专家部）

编者说明

一、《2023天津科技统计年鉴》由天津市统计局、天津市科学技术局和天津市教育委员会共同编辑制作，主要反映了天津市的科技活动情况，收录了全市、各区和有关部门2022年的科技统计数据。

二、本年鉴分为11个部分。第一部分为反映全社会科技活动的综合统计资料；第二部分至第六部分分别为科学研究和技术服务业机构、规模以上工业企业、建筑业企业、重点服务业企业和高等学校科技活动统计资料；第七部分为高技术产业统计资料；第八部分为火炬统计调查资料；第九部分为沿海九省市科技创新能力监测指标资料；第十部分为附录；第十一部分为主要统计指标解释。

三、本年鉴未对小数点进行机械调整，部分数据由于四舍五入取舍不同而产生计算误差。

四、本年鉴有关符号使用说明："#"表示其中的主要项；"注"或"①"表示该表下有注解。

目 录

第一部分

综　合

表 1-1 天津市主要社会、经济指标情况（2018—2022 年）

项 目	2018 年	2019 年	2020 年	2021 年	2022 年
常住人口（万人）	1383	1385	1387	1373	1363
户籍人口（万人）	1082	1108	1131	1152	1161
就业人员（万人）	672	659	647	641	621
全市生产总值（亿元）	13362.92	14055.46	14007.99	15685.05	16311.34
第一产业	175.30	185.41	210.34	265.90	273.15
第二产业	4835.30	4947.18	4911.77	5672.67	6038.93
第三产业	8352.32	8922.87	8885.88	9746.48	9999.26
人均地区生产总值（元）	95689	101557	101068	113660	119235
工业增加值（亿元）	4276.91	4372.27	4296.38	5056.45	5402.74
农林牧渔业总产值（亿元）	390.50	414.35	476.44	509.26	521.43
中资金融机构人民币存款年末余额（亿元）	29601.43	30384.60	32685.23	34355.20	39015.38
#住户存款余额	10723.30	12614.95	14843.50	16223.20	19187.67
中资金融机构人民币贷款年末余额（亿元）	32186.96	34546.86	37340.85	39717.35	41337.59
一般公共预算收入（亿元）	2106.24	2410.41	1923.11	2141.06	1846.69
一般公共预算支出（亿元）	3103.16	3555.71	3151.35	3152.55	2729.83
全社会房屋建筑竣工面积（万平方米）	2120	2372	2453	2190	2722
港口货物吞吐量（亿吨）	5.08	4.92	5.03	5.30	5.49
邮电业务总量（亿元）	851.05	1343.77	1779.54	311.66	341.53
社会消费品零售总额（亿元）	4231.20	4218.20	3582.91	3769.78	3571.99
实际使用外资金额（亿美元）	48.51	47.32	47.35	53.89	59.50
外贸进出口总额（亿美元）	1225.11	1066.45	1059.31	1325.65	1267.58
#出口	487.96	437.94	443.60	599.66	571.85
城镇非私营单位从业人员工资总额（亿元）	2645.60	2925.91	2928.79	3178.52	3212.44
城镇非私营单位从业人员平均工资（元）	94534	108002	114682	123528	129522

注：本表数据来源于《中国统计年鉴 2023》《天津统计年鉴 2023》。

表 1-2 天津市财政科技支出情况（2018—2022 年）

项 目	2018 年	2019 年	2020 年	2021 年	2022 年
一般公共预算支出（亿元）	3103.16	3555.71	3151.35	3152.55	2729.83
#市级一般公共预算支出	1095.95	1297.26	1101.90	1097.80	1042.67
财政科技支出（亿元）	106.68	109.93	118.17	103.97	62.16
#市级财政科技支出	41.43	19.18	26.86	27.88	14.52
财政科技支出占一般公共预算支出比重（%）	3.44	3.09	3.75	3.30	2.28
市级财政科技支出占市级一般公共预算支出比重（%）	3.78	1.48	2.44	2.54	1.39

表 1-3　天津市研究与试验发展（R&D）投入情况（2018—2022 年）

项　目	2018 年	2019 年	2020 年	2021 年	2022 年
R&D 人员（人）	**160683**	**143888**	**136341**	**166037**	**160846**
# 研究与开发机构	9618	9962	10213	10349	10619
企业	119342	92879	89837	113995	110825
高等学校	26141	35132	32239	37619	34851
其他	5582	5915	4052	4074	4551
R&D 人员全时当量（人年）	**99490**	**92502**	**90640**	**102986**	**103499**
# 研究与开发机构	8552	9120	9468	9696	9990
企业	75642	62332	61357	70201	71927
高等学校	11752	17267	17167	20618	18671
其他	3544	3783	2648	2470	2911
# 基础研究	6175	9518	9196	10203	10908
应用研究	13162	14509	13676	17827	15969
试验发展	80154	68481	67768	74956	76620
R&D 经费内部支出（亿元）	**492.40**	**462.97**	**485.01**	**574.33**	**568.66**
占全市生产总值比重（%）	2.62	3.28	3.44	3.66	3.49
# 研究与开发机构	48.85	52.69	54.10	65.13	63.48
企业	370.62	344.09	361.87	406.78	440.48
高等学校	60.94	52.47	57.09	86.42	48.21
其他	11.99	13.72	11.95	16.00	16.49
# 基础研究	23.65	24.67	34.36	58.81	24.81
应用研究	63.36	49.16	52.51	76.87	76.60
试验发展	405.39	389.14	398.14	438.65	467.25
# 政府资金	102.23	76.55	80.43	110.58	75.82
企业资金	370.34	362.27	383.09	440.65	466.34
国外资金	2.03	0.09	1.72	1.01	1.02
其他资金	17.80	24.07	19.77	22.08	25.48

注：R&D 经费内部支出占全市生产总值比重数据来源为全国科技经费投入统计公报。

表 1-4 天津市科技产出及成果情况（2018—2022 年）

项 目	2018 年	2019 年	2020 年	2021 年	2022 年
三系统收录科技论文（篇）	**21933**	**22745**	**27378**	**28386**	—
# SCI	11411	13127	14452	15871	—
EI	8705	8020	11806	11650	—
CPCI-S	1817	1598	1120	865	—
专利授权量（件）	**54680**	**57799**	**75434**	**97910**	**71545**
# 高等院校①	4091	4699	5643	5877	6332
科研单位	1036	1174	1453	1719	1369
企业	45778	48737	63888	84591	59404
事业单位②	649	589	717	1028	1014
个人③	3126	2600	3733	4695	3426
# 发明	5626	5025	5262	7376	11745
实用新型	44683	48252	64221	85076	55357
外观设计	4371	4522	5951	5458	4443
专利有效量（件）	**168879**	**198946**	**245540**	**308263**	**332539**
# 高等院校①	13868	16383	20926	23196	23629
科研单位	4316	4865	6391	7424	6495
企业	139830	167131	206341	262841	286608
事业单位②	1699	1884	1670	2301	3071
个人③	9166	8683	10212	12501	12736
# 发明	32066	34726	38152	43409	51162
实用新型	123971	149930	189936	244766	260469
外观设计	12842	14290	17452	20088	20908
PCT 专利申请数（件）	**176**	**251**	**374**	**444**	**577**
高价值专利数（件）	—	—	**15415**	**17228**	**19875**
天津科技成果登记数（件）	**1974**	**2345**	**1880**	**1972**	**1703**
国际领先	94	93	94	137	129
国际先进	262	239	231	253	264
国内领先	276	298	94	97	80
国内先进	175	185	51	33	4
其他	1167	1530	1410	1452	1226

续表

项　目	2018 年	2019 年	2020 年	2021 年	2022 年
获国家级科学技术奖（项）	**8**	**17**	**22**	—	—
最高科学技术奖	0	0	0	—	—
自然科学奖	1	2	2	—	—
一等奖	0	1	0	—	—
二等奖	1	1	2	—	—
技术发明奖	0	0	3	—	—
一等奖	0	0	0	—	—
二等奖	0	0	3	—	—
科学技术进步奖	6	15	17	—	—
特等奖	0	2	1	—	—
一等奖	1	1	5	—	—
二等奖	5	12	11	—	—
国际科学技术合作奖	1	0	0	—	—
获天津市科学技术奖（项）	**199**	**195**	**191**	**197**	**200**
自然科学奖	10	13	9	13	18
特等奖	1	1	1	1	3
一等奖	3	3	3	4	9
二等奖	4	6	3	5	3
三等奖	2	3	2	3	3
技术发明奖	12	7	10	10	8
特等奖	1	0	1	1	2
一等奖	3	2	4	4	3
二等奖	6	3	3	3	2
三等奖	2	2	2	2	1
科学技术进步奖	177	174	172	174	174
特等奖	2	5	5	8	6
一等奖	22	18	26	27	28
二等奖	89	91	99	101	99
三等奖	64	60	42	38	41
国际科学技术合作奖	0	1	0	0	0

续表

项 目	2018 年	2019 年	2020 年	2021 年	2022 年
技术合同成交数（项）	**11315**	**13977**	**9822**	**12560**	**12514**
技术开发	5805	4804	3628	4527	3947
技术转让	443	394	515	1044	691
技术咨询	750	643	378	518	508
技术服务	4317	8136	5301	6471	7268
技术许可	—	—	—	—	100
技术合同成交额（亿元）	**725.26**	**922.63**	**1112.98**	**1321.82**	**1676.53**
技术开发	71.76	73.33	113.94	62.11	92.50
技术转让	85.47	22.00	34.63	73.42	42.65
技术咨询	63.31	83.22	64.35	68.94	109.66
技术服务	504.72	744.08	900.05	1117.35	1428.50
技术许可	—	—	—	—	3.22
吸纳技术合同成交数（项）	**5607**	**11264**	**8466**	**9886**	**10627**
技术开发	2896	3784	3166	3491	3378
技术转让	229	315	403	889	555
技术咨询	393	488	392	407	525
技术服务	2089	6677	4505	5099	6102
技术许可	—	—	—	—	67
吸纳技术合同成交额（亿元）	**240.97**	**460.77**	**616.97**	**599.59**	**783.41**
技术开发	37.75	52.73	73.62	75.53	112.03
技术转让	54.88	23.73	29.71	74.36	36.96
技术咨询	7.39	18.24	9.21	9.90	6.49
技术服务	140.94	366.07	504.43	439.80	627.40
技术许可	—	—	—	—	0.52

注：本表中 2018—2019 年数据①为大专院校、②为机关团体、③为非职务专利申请量 / 授权量。

表 1–5 天津市技术市场成交合同分布情况（2022 年）

项 目	合同数（项）	成交额（亿元）
合计	**12514**	**1676.53**
一、按技术流向分		
天津	4468	443.99
外省市	8023	1200.83
技术出口	23	31.71
二、按社会经济目标分		
环境保护、生态建设及污染防治	1232	65.95
能源生产、分配和合理利用	1030	302.04
卫生事业发展	906	34.58
教育事业发展	164	8.86
基础设施以及城市和农村规划	1496	538.13
社会发展和社会服务	3400	373.42
地球和大气层的探索与利用	54	0.19
民用空间探测及开发	18	0.13
农林牧渔业发展	707	1.79
工商业发展	552	56.93
非定向研究	646	22.82
其他	2309	271.69
三、按卖方类别分		
机关法人	8	0.04
事业法人	6146	37.67
社团法人	121	1.13
企业法人	6221	1637.27
自然人	5	0.07
其他组织	13	0.35
四、按买方类别分		
机关法人	690	115.72
事业法人	1699	55.44
社团法人	37	0.96
企业法人	9802	1494.84
自然人	56	0.20
其他组织	230	9.37
五、按知识产权构成分		
专利	1005	295.25
技术秘密	1584	142.54
计算机软件著作权	406	17.17
设计著作权	13	1.56
生物、医药新品种植物新品种和集成电路布图设计	19	0.63
未涉及知识产权	9487	1219.38

表 1-6 天津市高新技术产业主要经济效益指标（2022 年）

项 目	资产负债率（%）	总资产贡献率（%）	人均营业收入（万元/人）	营业收入利润率（%）
合计	**49.1**	**5.9**	**207.5**	**5.4**
一、按企业规模分				
大型	44.5	5.5	239.2	4.9
中型	52.8	5.6	186.0	4.9
小微型	50.8	6.5	191.5	6.6
二、按登记注册类型分				
内资企业	53.2	5.4	179.4	5.3
# 国有企业	96.8	1.3	224.9	-0.4
港、澳、台商投资企业	45.2	6.2	216.6	8.4
外商投资企业	41.2	7.0	260.1	5.0
三、按技术领域分				
电子信息	41.7	6.8	213.5	6.1
航空航天	59.4	1.9	83.8	2.0
光机电一体化	55.6	6.5	168.2	6.2
生物技术和医药	34.4	10.0	165.0	12.7
新材料	48.4	2.4	512.7	0.1
新能源和节能材料	70.2	0.9	289.0	-2.3
环境保护	52.3	5.0	131.3	13.9

注：本表数据来源于《天津统计年鉴 2023》；高新技术产业为天津地方标准。

表 1-7 天津市各区

项　目	天津市合计	和平区	河东区	河西区	南开区	河北区	红桥区
常住人口（万人）	1363.00	34.44	83.96	80.37	86.43	62.94	42.88
户籍人口（万人）	1161.30	47.26	77.92	95.23	92.40	64.04	50.45
城镇非私营单位从业人员（万人）	243.34	16.18	9.71	15.42	18.45	5.49	3.13
地区生产总值（亿元）	16311.34	690.65	449.92	1129.62	725.66	382.42	180.77
一般公共预算收入（亿元）	1846.69	33.97	33.11	50.57	33.94	21.57	15.96
一般公共预算支出（亿元）	2729.83	53.96	59.00	86.88	53.11	42.53	38.03
财政科技支出（万元）	621605	2358	2392	7029	1831	1919	2471
科学技术管理事务	24115	1430	283	1618	852	238	458
基础研究	3175	0	0	0	0	0	0
应用研究	181620	0	0	0	0	0	0
技术研究与开发	319704	928	1606	5189	710	248	2013
科技条件与服务	4516	0	0	104	0	1000	0
社会科学	7924	0	0	0	0	0	0
科学技术普及	11027	0	502	118	241	360	0
科技交流与合作	1746	0	0	0	0	0	0
科技重大专项	1536	0	0	0	0	0	0
其他科学技术支出	66242	0	1	0	28	73	0
财政科技支出占一般公共预算支出比重（%）	2.28	0.44	0.41	0.81	0.34	0.45	0.65
规模以上工业企业总资产贡献率（%）	10.70	1.30	4.10	5.40	7.80	2.80	5.90
技术合同输出成交额（亿元）	1676.53	66.44	71.08	80.26	91.00	96.74	90.61
技术合同吸纳成交额（亿元）	783.41	64.80	30.77	32.97	9.64	10.50	4.29
专利授权量（件）	71545	978	1284	2086	4858	925	1486
# 发明专利	11745	134	138	256	2489	107	690
有效发明专利总数（件）	51162	708	1147	1621	10403	1104	2360

注：由于天津市合计和区级数据均含转移支付资金，本表中财政科技支出相关指标的分项相加有可能不等于合计。

基本情况（2022 年）

东丽区	西青区	津南区	北辰区	武清区	宝坻区	滨海新区	宁河区	静海区	蓟州区
83.89	118.62	92.43	94.15	113.94	71.06	202.38	38.72	77.92	78.87
45.75	48.43	57.30	47.62	110.96	75.72	156.31	41.07	63.67	87.17
11.22	15.89	7.19	11.28	18.42	5.84	87.31	4.48	6.03	4.60
687.49	946.61	553.69	709.01	890.44	444.12	6981.86	323.51	476.53	279.33
50.52	67.15	50.38	52.87	88.36	30.19	505.41	14.54	37.93	20.54
67.23	104.51	74.71	68.33	119.19	44.47	684.59	33.98	73.38	83.24
1776	10503	7043	3689	4485	576	427556	705	997	1037
744	543	464	305	954	437	8104	188	349	5
0	14	0	0	0	0	0	0	0	0
0	1074	0	536	0	0	149105	0	0	0
1031	7829	6389	2009	3379	0	219077	371	639	952
0	0	142	0	0	0	1040	0	0	0
0	0	0	0	0	0	0	0	0	0
1	126	48	839	152	139	1655	136	10	80
0	0	0	0	0	0	717	10	0	0
0	0	0	0	0	0	1500	0	0	0
0	917	0	0	0	0	46358	0	0	0
0.26	1.00	0.94	0.54	0.38	0.13	6.25	0.21	0.14	0.12
7.90	7.20	5.30	7.30	5.40	4.40	15.00	5.20	4.10	3.20
79.71	89.07	91.60	79.13	95.15	30.39	624.16	26.38	36.23	28.59
28.16	43.89	51.67	21.49	79.59	32.68	276.42	15.92	62.70	17.92
4365	5769	5816	5180	6400	2808	24283	938	3622	747
657	905	942	560	309	113	4205	24	173	43
2690	3936	2914	3942	2041	589	16715	152	555	285

2023天津科技统计年鉴

第二部分

科学研究和技术服务业机构

（一）科学研究和技术服务业事业单位

表 2-1　科学研究和技术服务业事业单位基本情况（2018—2022 年）

项　目	2018 年	2019 年	2020 年	2021 年	2022 年
机构数（个）	**168**	**153**	**116**	**97**	**103**
中央部门属	26	28	25	24	25
非中央部门属	142	125	91	73	78
从业人员期末人数（人）	**16156**	**16696**	**14667**	**15519**	**15761**
# 科技活动人员	14055	14192	12523	13114	13593
研究与试验发展（R&D）投入情况					
R&D 人员（人）	7369	7560	6863	6825	7664
R&D 人员全时当量（人年）	5616	5671	5186	4943	5764
基础研究	763	687	791	807	935
应用研究	1569	1852	1631	1880	2419
试验发展	3284	3132	2764	2256	2410
R&D 经费内部支出（亿元）	30.98	31.47	27.54	33.80	33.14
# 基础研究	4.76	3.40	2.71	3.64	3.35
应用研究	8.88	9.39	8.86	9.98	13.53
试验发展	17.35	18.68	15.97	20.18	16.25
# 政府资金	25.37	24.01	20.13	25.93	22.42
企业资金	1.74	2.53	3.51	3.76	5.21
国外资金	0.01	0	0	0	0
其他资金	3.86	4.93	3.90	4.11	5.51
研究与试验发展（R&D）项目（课题）情况					
R&D 项目（课题）数（项）	2136	2285	2316	2566	2598
R&D 项目（课题）人员全时当量（人年）	4503	4586	4157	3973	4736
R&D 项目（课题）经费内部支出（亿元）	19.46	17.70	15.70	16.85	12.82
科技产出及成果情况					
发表科技论文（篇）	3857	3510	3331	3149	3313
# 国外发表	641	673	742	847	1210
出版科技著作（种）	91	137	168	152	123
专利申请数（件）	861	1056	1084	1315	1200
# 发明专利	510	620	574	666	747
专利授权数（件）	514	661	732	998	1103
# 发明专利	207	239	259	424	604

表 2-2　科学研究和技术服务业

项　目	机构数（个）	从业人员期末人数（人）	科技活动人员	科技管理人员
合计	**103**	**15761**	**13593**	**2400**
一、按机构隶属关系分				
中央部门属	25	8428	6854	966
非中央部门属	78	7333	6739	1434
二、按机构从事的国民经济行业分				
研究和试验发展	50	8342	6449	1297
专业技术服务业	43	5042	4770	932
科技推广和应用服务业	10	2377	2374	171
三、按机构服务的国民经济行业分				
农、林、牧、渔业	2	131	128	30
采矿业与制造业	11	1653	1526	321
电力、热力、燃气及水生产和供应业	2	94	69	15
信息传输、软件和信息技术服务业与租赁和商务服务业	5	189	181	65
科学研究和技术服务业	69	10652	10180	1681
水利、环境和公共设施管理业	6	587	572	97
卫生和社会工作	5	2097	586	126
公共管理、社会保障和社会组织	3	358	351	65
四、按机构所属学科分				
自然科学	26	3705	3572	677
农业科学	4	888	888	226
医药科学	9	2428	902	227
工程与技术科学	58	8019	7540	1113
人文与社会科学	6	721	691	157
五、按机构从业人员规模分				
≥ 1000 人	2	3488	2231	152
500 ～ 999 人	2	1101	999	197
300 ～ 499 人	7	2705	2565	365
200 ～ 299 人	11	2832	2444	543
100 ～ 199 人	24	3345	3242	675
50 ～ 99 人	22	1598	1463	303
30 ～ 49 人	10	342	327	87
20 ～ 29 人	7	163	155	20
10 ～ 19 人	12	168	148	50
0 ～ 9 人	6	19	19	8

事业单位人员情况（2022 年）

				外聘的流动学者（人）	非本单位在读研究生（人）	离退休人员（人）
		生产经营活动人员	其他人员			
科研业务人员	对内科技服务人员					
8113	**3080**	**136**	**2032**	**1420**	**895**	**7858**
3567	2321	100	1474	381	571	3395
4546	759	36	558	1039	324	4463
4583	569	103	1790	1023	842	4792
3210	628	33	239	356	47	2979
320	1883	0	3	41	6	87
93	5	0	3	0	0	4
954	251	67	60	212	245	457
27	27	25	0	7	0	192
113	3	8	0	0	13	19
5840	2659	36	436	1185	327	5621
425	50	0	15	0	0	475
415	45	0	1511	16	310	895
246	40	0	7	0	0	195
2535	360	11	122	320	328	2273
527	135	0	0	115	27	463
587	88	5	1521	203	310	1135
3939	2488	120	359	782	230	3160
525	9	0	30	0	0	827
218	1861	0	1257	16	310	403
638	164	67	35	41	27	641
2041	159	6	134	47	187	1705
1753	148	0	388	249	74	2077
2102	465	2	101	498	80	1762
978	182	40	95	62	66	929
178	62	5	10	8	92	138
118	17	0	8	23	0	156
83	15	16	4	182	59	47
4	7	0	0	294	0	0

表 2-2 科学研究和技术服务业

项 目	科技活动人员	按学历学位分		
		博士毕业	硕士毕业	本科毕业
合计	**13593**	**1715**	**6006**	**4713**
一、按机构隶属关系分				
中央部门属	6854	1173	3837	1439
非中央部门属	6739	542	2169	3274
二、按机构从事的国民经济行业分				
研究和试验发展	6449	1283	2517	2058
专业技术服务业	4770	322	1475	2422
科技推广和应用服务业	2374	110	2014	233
三、按机构服务的国民经济行业分				
农、林、牧、渔业	128	11	36	71
采矿业与制造业	1526	300	610	522
电力、热力、燃气及水生产和供应业	69	1	8	39
信息传输、软件和信息技术服务业与租赁和商务服务业	181	7	101	55
科学研究和技术服务业	10180	1176	4767	3342
水利、环境和公共设施管理业	572	41	212	278
卫生和社会工作	586	158	157	231
公共管理、社会保障和社会组织	351	21	115	175
四、按机构所属学科分				
自然科学	3572	590	1583	1172
农业科学	888	119	279	332
医药科学	902	231	276	298
工程与技术科学	7540	594	3616	2712
人文与社会科学	691	181	252	199
五、按机构从业人员规模分				
≥ 1000 人	2231	202	1924	90
500 ～ 999 人	999	127	395	321
300 ～ 499 人	2565	506	1069	774
200 ～ 299 人	2444	438	866	858
100 ～ 199 人	3242	301	1079	1566
50 ～ 99 人	1463	60	447	801
30 ～ 49 人	327	42	124	143
20 ～ 29 人	155	21	52	76
10 ～ 19 人	148	16	41	78
0 ～ 9 人	19	2	9	6

事业单位人员情况（2022 年）（续）

单位：人

		按职称分			
大专毕业	其他	高级职称	中级职称	初级职称	其他
631	**528**	**4312**	**5260**	**1714**	**2307**
226	179	2086	3066	606	1096
405	349	2226	2194	1108	1211
264	327	2655	2055	771	968
356	195	1407	1728	793	842
11	6	250	1477	150	497
7	3	47	61	10	10
56	38	403	475	238	410
13	8	36	17	4	12
16	2	32	42	45	62
474	421	3113	4148	1211	1708
14	27	282	187	67	36
31	9	198	260	99	29
20	20	201	70	40	40
132	95	1373	1242	479	478
53	105	385	284	42	177
58	39	274	389	133	106
371	247	1900	3158	990	1492
17	42	380	187	70	54
10	5	243	1491	105	392
45	111	371	356	84	188
117	99	1006	840	295	424
141	141	1012	751	361	320
175	121	1116	1115	419	592
114	41	358	496	336	273
14	4	114	98	53	62
5	1	61	62	29	3
8	5	29	46	25	48
2	0	2	5	7	5

表 2-3　科学研究和技术服务业

项　目	经费收入总额	科技活动收入	
			政府资金
合计	**959694**	**697604**	**421533**
一、按机构隶属关系分			
中央部门属	598251	382835	262137
非中央部门属	361443	314769	159396
二、按机构从事的国民经济行业分			
研究和试验发展	608864	372190	232662
专业技术服务业	258677	241498	119165
科技推广和应用服务业	92153	83916	69706
三、按机构服务的国民经济行业分			
农、林、牧、渔业	5320	5041	4467
采矿业与制造业	92743	88274	50966
电力、热力、燃气及水生产和供应业	2261	1407	662
信息传输、软件和信息技术服务业与租赁和商务服务业	15172	13538	6491
科学研究和技术服务业	545474	505072	325098
水利、环境和公共设施管理业	45194	28366	15445
卫生和社会工作	238093	41009	10890
公共管理、社会保障和社会组织	15436	14898	7514
四、按机构所属学科分			
自然科学	193764	183395	135536
农业科学	37464	37142	29112
医药科学	261142	60176	25706
工程与技术科学	434530	387320	204646
人文与社会科学	32793	29571	26534
五、按机构从业人员规模分			
≥ 1000 人	285873	89852	63642
500 ～ 999 人	56712	55482	32613
300 ～ 499 人	186628	174976	104124
200 ～ 299 人	119395	107054	73729
100 ～ 199 人	199504	173813	88300
50 ～ 99 人	72540	60168	29373
30 ～ 49 人	12227	11207	9598
20 ～ 29 人	10518	9979	7277
10 ～ 19 人	5679	5064	3651
0 ～ 9 人	10617	10008	9227

事业单位经费收入情况（2022 年）

单位：万元

财政拨款	承担政府科研项目收入	其他	非政府资金	# 技术性收入	# 国外资金	生产经营活动收入	其他收入
283993	**74466**	**63075**	**276071**	**221608**	**194**	**16945**	**245145**
152151	49240	60745	120698	71246	194	7613	207803
131842	25225	2329	155372	150362	0	9332	37342
169437	61575	1650	139528	119533	0	7380	229294
108694	9793	678	122333	88853	194	9565	7614
5862	3098	60746	14210	13222	0	0	8237
3716	651	100	573	380	0	0	279
34722	15400	845	37309	35563	0	0	4469
662	0	0	745	255	0	491	363
1236	5255	0	7046	7046	0	1610	24
211786	51214	62099	179974	146394	194	14844	25558
15231	183	31	12921	11879	0	0	16828
10848	42	0	30119	13842	0	0	197085
5793	1721	0	7384	6248	0	0	539
106126	29301	110	47859	45632	0	3683	6685
19800	9312	0	8030	4617	0	0	322
24641	1064	0	34471	15712	0	12	200954
111528	30156	62961	182675	152619	194	12641	34569
21898	4633	4	3037	3029	0	608	2615
2377	523	60742	26209	10002	0	0	196022
22390	10222	0	22869	21734	0	0	1231
76584	27209	330	70853	43663	194	5407	6244
55879	17850	0	33326	32974	0	1579	10762
76570	11702	28	85513	78382	0	95	25596
23922	5317	134	30795	30272	0	9516	2856
8865	711	22	1610	1192	0	12	1008
5680	680	918	2702	1210	0	0	539
2551	200	900	1413	1400	0	336	279
9175	52	0	781	781	0	0	609

表 2-4 科学研究和技术服务业

项　目	经费内部支出总额	科技经费内部支出	日常性支出
合计	**971819**	**711432**	**635292**
一、按机构隶属关系分			
中央部门属	594213	383334	346040
非中央部门属	377606	328098	289252
二、按机构从事的国民经济行业分			
研究和试验发展	623719	378158	330715
专业技术服务业	255804	243897	217346
科技推广和应用服务业	92297	89377	87232
三、按机构服务的国民经济行业分			
农、林、牧、渔业	5097	5026	5026
采矿业与制造业	100831	96722	80356
电力、热力、燃气及水生产和供应业	2378	1646	1644
信息传输、软件和信息技术服务业与租赁和商务服务业	16199	13444	10591
科学研究和技术服务业	549929	505254	453884
水利、环境和公共设施管理业	54363	34690	31595
卫生和社会工作	229523	41893	39917
公共管理、社会保障和社会组织	13498	12758	12277
四、按机构所属学科分			
自然科学	224671	202434	173336
农业科学	37709	37372	32811
医药科学	246746	58931	55083
工程与技术科学	429700	381710	343603
人文与社会科学	32993	30985	30459
五、按机构从业人员规模分			
≥ 1000 人	274889	94658	92819
500 ～ 999 人	54940	51099	41182
300 ～ 499 人	194821	173822	152773
200 ～ 299 人	117867	97018	89612
100 ～ 199 人	204776	180985	165966
50 ～ 99 人	76390	68641	62128
30 ～ 49 人	20414	19389	13804
20 ～ 29 人	10371	9764	6821
10 ～ 19 人	8933	7868	7506
0 ～ 9 人	8419	8189	2682

事业单位经费支出情况（2022 年）

单位：万元

人员劳务费	其他日常性支出	资产性支出	# 仪器与设备支出	# 科研土建工程	生产经营支出	其他支出
362353	**272939**	**76140**	**66112**	**7088**	**15365**	**245022**
194129	151912	37294	29740	6094	7817	203062
168225	121027	38846	36372	994	7547	41961
179074	151641	47444	42965	2949	8727	236833
122223	95123	26551	21128	4139	5440	6467
61057	26175	2145	2019	0	1198	1722
3283	1743	0	0	0	0	71
46207	34150	16365	14949	957	179	3930
1442	203	2	2	0	572	160
3586	7006	2852	2709	0	1306	1451
265825	188059	51369	43465	6131	10723	33952
23125	8470	3094	3001	0	439	19234
11853	28064	1976	1507	0	2044	185586
7033	5245	480	476	0	103	638
99738	73599	29097	26598	1277	1492	20746
22335	10276	4562	3596	966	0	337
20451	34632	3848	3548	0	2017	185798
198639	144965	38107	32022	4845	11819	36171
20991	9468	526	348	0	37	1970
55394	37425	1838	1420	0	2199	178032
26940	14242	9918	7539	1922	158	3682
85629	67144	21049	16498	3873	4493	16506
57441	32170	7407	6094	1232	1813	19036
86182	79784	15019	14836	33	1733	22058
34330	27798	6514	6151	0	3615	4134
8568	5236	5584	4881	28	564	462
4143	2678	2943	2828	0	439	168
3494	4013	362	358	0	338	727
232	2450	5507	5507	0	12	218

表 2-5　科学研究和技术服务业

项　目	科研基建	政府资金
合计	**21608**	**20180**
一、按机构隶属关系分		
中央部门属	13293	11900
非中央部门属	8314	8280
二、按机构从事的国民经济行业分		
研究和试验发展	9182	7788
专业技术服务业	12426	12391
科技推广和应用服务业	0	0
三、按机构服务的国民经济行业分		
农、林、牧、渔业	0	0
采矿业与制造业	1185	0
电力、热力、燃气及水生产和供应业	0	0
信息传输、软件和信息技术服务业与租赁和商务服务业	0	0
科学研究和技术服务业	20423	20180
水利、环境和公共设施管理业	0	0
卫生和社会工作	0	0
公共管理、社会保障和社会组织	0	0
四、按机构所属学科分		
自然科学	6599	6598
农业科学	3262	3262
医药科学	368	159
工程与技术科学	11379	10160
人文与社会科学	0	0
五、按机构从业人员规模分		
≥ 1000 人	0	0
500 ～ 999 人	4446	3262
300 ～ 499 人	8930	8915
200 ～ 299 人	2078	2078
100 ～ 199 人	2812	2582
50 ～ 99 人	24	24
30 ～ 49 人	491	491
20 ～ 29 人	2827	2827
10 ～ 19 人	0	0
0 ～ 9 人	0	0

事业单位基本建设情况（2022 年）

单位：万元

企业资金	事业单位自筹资金	国外资金	其他资金
0	**1428**	**0**	**0**
0	1394	0	0
0	35	0	0
0	1394	0	0
0	35	0	0
0	0	0	0
0	0	0	0
0	1185	0	0
0	0	0	0
0	0	0	0
0	243	0	0
0	0	0	0
0	0	0	0
0	0	0	0
0	1	0	0
0	0	0	0
0	209	0	0
0	1219	0	0
0	0	0	0
0	0	0	0
0	1184	0	0
0	15	0	0
0	0	0	0
0	229	0	0
0	0	0	0
0	0	0	0
0	0	0	0
0	0	0	0
0	0	0	0

表 2-6　科学研究和技术服务业

项　目	年末固定资产原价（万元）	# 科研房屋建筑物	# 科学仪器设备
合计	**1645049**	**381117**	**904334**
一、按机构隶属关系分			
中央部门属	728463	215206	388425
非中央部门属	916586	165911	515909
二、按机构从事的国民经济行业分			
研究和试验发展	855386	265416	361168
专业技术服务业	485140	115693	289764
科技推广和应用服务业	304522	7	253402
三、按机构服务的国民经济行业分			
农、林、牧、渔业	21701	6464	4593
采矿业与制造业	208373	84039	118580
电力、热力、燃气及水生产和供应业	1289	80	485
信息传输、软件和信息技术服务业与租赁和商务服务业	240934	7	239320
科学研究和技术服务业	886645	246096	456567
水利、环境和公共设施管理业	115081	31280	53171
卫生和社会工作	153631	7074	20708
公共管理、社会保障和社会组织	17394	6077	10911
四、按机构所属学科分			
自然科学	355074	88014	233172
农业科学	198951	90326	40248
医药科学	209534	29737	57573
工程与技术科学	854868	167487	568788
人文与社会科学	26622	5552	4554
五、按机构从业人员规模分			
≥ 1000 人	96790	6626	16100
500 ～ 999 人	180055	108547	50111
300 ～ 499 人	325804	138567	163207
200 ～ 299 人	250866	35472	132789
100 ～ 199 人	380754	81775	220969
50 ～ 99 人	329204	9181	282752
30 ～ 49 人	22900	275	20876
20 ～ 29 人	13957	673	11235
10 ～ 19 人	43847	2	5722
0 ～ 9 人	872	0	573

事业单位固定资产情况（2022 年）

		科学仪器设备数量（台 / 套）	# 单价 100 万元以上
# 进口	# 单价 100 万元以上		
121142	**433549**	**116959**	**1104**
53423	137510	57333	669
67719	296039	59626	435
63399	126732	68629	638
57742	91977	34604	420
0	214840	13726	46
0	302	2024	2
35752	43091	21570	185
281	108	402	1
358	211902	7501	31
64734	150170	69808	747
7687	16504	4022	83
8377	7010	8042	30
3953	4463	3590	25
24844	73945	38470	395
614	13877	8513	65
36562	17663	11701	86
59122	328065	53626	558
0	0	4649	0
8252	5947	5959	24
1371	12729	11972	72
20481	50911	24523	209
15534	51322	15884	289
69547	73313	31069	363
4153	226982	18940	90
639	9599	4532	41
529	2110	2104	14
637	637	993	2
0	0	983	0

表 2-7　科学研究和技术服务业事业单位

项　目	课题数（项）	# R&D 课题	课题人员折合全时当量（人年）	基础研究	应用研究	试验发展
合计	**3474**	**2598**	**6111.4**	**796.6**	**2006.9**	**1932.6**
一、按机构隶属关系分						
中央部门属	2027	1611	3599.9	608.5	1402.6	882.2
非中央部门属	1447	987	2511.5	188.1	604.3	1050.4
二、按课题来源分						
国家科技项目	1024	876	2291.7	515.1	929.6	519.0
地方科技项目	916	687	1610.2	143.6	468.2	566.7
企业委托科技项目	862	515	787.7	14.0	108.1	343.3
自选科技项目	372	301	661.1	81.3	262.0	219.2
国际合作科技项目	7	2	9.9	1.5	1.6	0
其他科技项目	293	217	750.8	41.1	237.4	284.4
三、按课题所属学科分						
自然科学	782	673	1808.0	220.7	906.2	288.3
农业科学	199	135	392.4	18.0	60.2	197.3
医药科学	349	335	831.5	258.8	283.0	233.0
工程与技术科学	1895	1322	2693.1	164.1	590.1	1210.0
人文与社会科学	249	133	386.4	135.0	167.4	4.0
四、按课题技术领域分						
非技术领域	245	116	283.6	104.0	107.0	14.0
信息技术	150	110	464.1	0	135.6	250.3
生物和现代农业技术	883	807	1364.9	332.5	547.8	367.2
新材料技术	30	28	30.1	10.8	4.0	13.0
能源技术	11	9	23.0	0	12.0	8.5
激光技术	1	1	0.4	0	0	0.4
先进制造与自动化技术	364	271	260.6	5.4	24.2	192.8
航天技术	6	1	13.8	0	0	0.8
资源与环境技术	508	319	1294.2	135.6	534.1	233.5
其他技术领域	1276	936	2376.7	208.3	642.2	852.1
五、按课题的社会经济目标分						
环境保护、生态建设及污染防治	588	417	1144.1	107.9	297.3	371.9
能源生产、分配和合理利用	145	98	254.1	22.8	90.3	66.0
卫生事业发展	416	390	814.2	243.2	332.7	171.9

课题经费内部支出情况（2022 年）

R&D 成果应用	科技服务	课题经费内部支出（万元）	#政府资金	基础研究	应用研究	试验发展	R&D 成果应用	科技服务
377.7	**997.6**	**163397**	**100582**	**8146**	**43260**	**76785**	**6483**	**28722**
149.6	557.0	102986	79653	7491	38584	30423	2396	24092
228.1	440.6	60411	20929	655	4676	46362	4087	4630
93.0	235.0	60866	56058	4294	25143	17967	1556	11905
90.2	341.5	36599	28262	2752	8065	18706	1737	5339
78.5	243.8	46573	33	176	2390	31504	2193	10310
50.6	48.0	6611	4973	346	1676	3859	347	384
1.8	5.0	39	39	2	3	0	2	32
63.6	124.3	12709	11217	577	5983	4749	648	753
57.6	335.2	59604	55850	4577	27610	13786	1873	11759
84.1	32.8	2063	1994	63	351	1117	379	154
25.7	31.0	15100	14402	1833	7953	4994	253	68
209.3	519.6	85658	27450	1473	7095	56879	3975	16237
1.0	79.0	972	885	201	252	10	4	505
0.4	58.2	900	836	132	118	65	1	585
22.3	55.9	19654	8962	0	2074	16377	1027	177
71.6	45.8	41589	39798	6142	18488	14683	519	1758
1.0	1.3	1036	575	90	283	266	384	13
0	2.5	368	244	0	154	190	0	23
0	0	10	10	0	0	10	0	0
23.6	14.6	25416	1562	2	215	24339	518	342
7.0	6.0	29	26	0	0	25	1	3
110.8	280.2	34399	26474	605	17455	5366	1956	9017
141.0	533.1	39995	22095	1177	4473	15464	2077	16804
80.9	286.1	18459	8789	579	2501	7693	1313	6374
28.5	46.5	8194	6421	621	5205	981	190	1197
29.3	37.1	19347	16957	1971	8495	6958	349	1575

项 目	课题数（项）	# R&D 课题	课题人员折合全时当量（人年）	基础研究	应用研究	试验发展
教育事业发展	25	22	107.3	33.0	68.0	4.0
基础设施以及城市和农村规划	399	235	394.8	6.4	102.4	105.9
基础社会发展和社会服务	365	226	624.4	82.5	122.9	286.5
地球和大气层的探索与利用	228	160	913.0	94.9	371.0	166.3
民用空间探测及开发	7	4	4.5	0	0	0.9
农林牧渔业发展	248	171	476.1	20.9	84.7	230.3
工商业发展	678	519	759.4	16.2	223.1	417.5
非定向研究	298	298	454.0	168.8	285.2	0
其他民用目标	63	46	114.7	0	29.3	71.6
国防	14	12	50.8	0	0	39.8
六、按课题合作形式分						
独立完成	2874	2090	4740.3	653.6	1537.4	1344
与境内独立研究机构合作	178	151	514.2	50.8	214.9	181.5
与境内高等学校合作	125	110	285.7	44.3	135.7	85.5
与境内注册其他企业合作	161	135	321.8	9.4	57.3	205.2
与境外机构合作	11	11	36.7	3.8	11.1	21.8
其他	125	101	212.7	34.7	50.5	94.6
七、按课题服务的国民经济行业分						
农、林、牧、渔业	254	179	468.4	32.6	80.0	213.2
采矿业	22	8	43.1	4.0	1.9	11.4
制造业	641	529	613.9	84.6	200.8	248.2
电力、热力、燃气及水生产和供应业	113	85	122.1	10.5	39.5	40.5
建筑业	104	69	88.9	1.1	17.8	43.1
批发和零售业	1	1	0.5	0.5	0	0
交通运输、仓储和邮政业	40	8	40.5	0.4	0.6	9.3
信息传输、软件和信息技术服务业	67	47	241.6	0	41.5	163.3
租赁和商务服务业	1	1	0.8	0	0	0.8
科学研究和技术服务业	1632	1251	3225.2	385.9	1191.6	906.4
水利、环境和公共设施管理业	234	159	548.8	53.3	132.6	185.8
教育	31	24	114.2	33.0	68.0	6.5
卫生和社会工作	248	235	571.9	190.7	232.6	103.5
公共管理、社会保障和社会组织	84	0	30.9	0	0	0
国际组织	2	2	0.6	0	0	0.6

续表

		课题经费内部支出（万元）						
R&D 成果应用	科技服务		#政府资金	基础研究	应用研究	试验发展	R&D 成果应用	科技服务
0	2.3	253	241	70	140	10	0	33
11.4	168.7	14172	2280	25	1911	4939	514	6784
28.5	104.0	11374	8832	400	3127	6267	422	1157
52.6	228.2	25162	24166	149	9047	5014	1767	9186
3.6	0	136	7	0	0	13	124	0
86.9	53.3	4151	3303	65	628	2216	393	849
47.8	54.8	47636	16877	560	5241	39009	1377	1449
0	0	10588	10022	3706	6882	0	0	0
8.2	5.6	3368	2561	0	84	3189	35	60
0	11.0	554	126	0	0	496	0	58
276.6	928.7	128944	77302	7731	32727	56355	5061	27070
48.7	18.3	14748	10392	180	4406	9742	332	88
19.4	0.8	7455	6165	115	4618	1869	784	70
26.7	23.2	9017	4127	39	781	7409	256	532
0	0	208	208	14	113	81	0	0
6.3	26.6	3024	2388	68	615	1330	50	962
82.3	60.3	4529	4099	507	899	2061	609	453
0.3	25.5	1034	655	60	44	395	60	475
56.2	24.1	41738	17608	3059	5607	30113	1270	1690
20.6	11.0	2242	813	118	956	671	164	333
0	26.9	1906	103	1	208	447	0	1250
0	0	0	0	0	0	0	0	0
1.2	29.0	1143	159	6	16	160	16	946
19.5	17.3	12869	3688	0	341	11664	794	71
0	0	9	9	0	0	9	0	0
106.2	635.1	77604	55951	2565	24479	26792	2278	21491
73.7	103.4	6825	4279	276	2725	1180	1237	1409
2.0	4.7	574	515	70	140	107	3	255
15.7	29.4	12614	12396	1484	7847	3165	53	65
0	30.9	286	286	0	0	0	0	286
0	0	22	22	0	0	22	0	0

表 2-8　科学研究和技术服务业事业单位

项　目	R&D 人员（人）	# 女性	按工作量分		博士毕业
			R&D 全时人员	R&D 非全时人员	
合计	**7664**	**3309**	**4686**	**2978**	**1731**
一、按机构隶属关系分					
中央部门属	4304	1849	3122	1182	1015
非中央部门属	3360	1460	1564	1796	716
二、按机构从事的国民经济行业分					
研究和试验发展	5524	2593	3735	1789	1470
专业技术服务业	1868	635	801	1067	215
科技推广和应用服务业	272	81	150	122	46
三、按机构服务的国民经济行业分					
农、林、牧、渔业	82	39	58	24	11
采矿业与制造业	1250	527	912	338	343
电力、热力、燃气及水生产和供应业	33	11	16	17	1
信息传输、软件和信息技术服务业与租赁和商务服务业	132	44	97	35	7
科学研究和技术服务业	4979	1925	3058	1921	1165
水利、环境和公共设施管理业	392	198	110	282	38
卫生和社会工作	686	508	390	296	149
公共管理、社会保障和社会组织	110	57	45	65	17
四、按机构所属学科分					
自然科学	2828	1061	1904	924	570
农业科学	533	246	355	178	110
医药科学	1099	742	593	506	334
工程与技术科学	2787	999	1442	1345	559
人文与社会科学	417	261	392	25	158
五、按机构从业人员规模分					
≥ 1000 人	570	425	333	237	140
500 ～ 999 人	739	306	489	250	117
300 ～ 499 人	1817	669	1257	560	461
200 ～ 299 人	1415	608	1125	290	383
100 ～ 199 人	2045	890	981	1064	356
50 ～ 99 人	438	154	250	188	31
30 ～ 49 人	224	78	42	182	39
20 ～ 29 人	69	28	47	22	28
10 ～ 19 人	152	39	128	24	43
0 ～ 9 人	195	112	34	161	133

R&D 人员情况（2022 年）

按学历学位分			R&D 人员折合全时当量（人年）	# 研究人员	按活动类型分		
硕士毕业	本科毕业	其他			基础研究	应用研究	试验发展
3177	**2266**	**490**	**5764**	**4070**	**935**	**2419**	**2410**
1901	1106	282	3517	2572	712	1710	1095
1276	1160	208	2247	1498	223	709	1315
2254	1501	299	4423	3161	871	1941	1611
796	672	185	1135	836	64	478	593
127	93	6	206	73	0	0	206
36	35	0	58	58	0	14	44
467	329	111	1041	767	202	466	373
6	16	10	19	16	0	0	19
89	29	7	122	35	0	0	122
2092	1404	318	3734	2766	544	1669	1521
167	178	9	197	139	5	27	165
279	239	19	526	241	184	243	99
41	36	16	67	48	0	0	67
1299	719	240	2215	1685	352	1263	600
242	163	18	414	308	24	106	284
370	338	57	797	410	264	288	245
1109	954	165	1941	1282	140	556	1245
157	92	10	397	385	155	206	36
248	172	10	437	196	184	193	60
338	238	46	614	413	48	185	381
902	398	56	1400	1157	169	759	472
615	330	87	1177	970	374	664	139
724	780	185	1384	890	126	341	917
183	182	42	335	171	2	63	270
76	48	61	142	90	30	58	54
18	21	2	51	34	0	23	28
64	44	1	131	90	2	90	39
9	53	0	93	59	0	43	50

表 2–9　科学研究和技术服务业事业单位

项　目	R&D 经费内部支出	按活动类型分				
		基础研究	应用研究	试验发展	日常性支出	人员劳务费
合计	**331387**	**33549**	**135296**	**162541**	**284441**	**154929**
一、按机构隶属关系分						
中央部门属	198173	26836	94475	76862	173199	98228
非中央部门属	133214	6714	40821	85679	111242	56701
二、按机构从事的国民经济行业分						
研究和试验发展	260273	31477	110660	118137	221796	116497
专业技术服务业	58733	2073	24637	32023	52203	35066
科技推广和应用服务业	12381	0	0	12381	10442	3366
三、按机构服务的国民经济行业分						
农、林、牧、渔业	2266	0	1041	1225	2266	2012
采矿业与制造业	68992	8383	26912	33697	53534	29709
电力、热力、燃气及水生产和供应业	506	0	0	506	504	439
信息传输、软件和信息技术服务业与租赁和商务服务业	11807	0	0	11807	9000	2702
科学研究和技术服务业	208922	22599	87754	98569	182406	104584
水利、环境和公共设施管理业	11106	280	2264	8562	10706	8139
卫生和社会工作	24481	2287	17325	4868	22719	5650
公共管理、社会保障和社会组织	3307	0	0	3307	3306	1695
四、按机构所属学科分						
自然科学	123389	13539	63119	46731	99908	64461
农业科学	21650	1216	8450	11984	17858	13001
医药科学	36660	7450	19870	9340	33526	12766
工程与技术科学	132331	8120	31153	93058	115861	52626
人文与社会科学	17357	3224	12704	1429	17288	12076
五、按机构从业人员规模分						
≥ 1000 人	21240	2287	16045	2908	19528	3219
500 ～ 999 人	38902	1564	13644	23695	30223	17910
300 ～ 499 人	88596	7791	37733	43072	77180	50908
200 ～ 299 人	56647	13314	39322	4011	51322	31289
100 ～ 199 人	80365	6656	17098	56611	76858	39630
50 ～ 99 人	22932	7	846	22079	17512	7078
30 ～ 49 人	11908	1879	7088	2941	6446	2963
20 ～ 29 人	1887	0	909	978	1775	1158
10 ～ 19 人	2276	52	1732	492	2253	626
0 ～ 9 人	6633	0	878	5755	1345	149

R&D 经费内部支出情况（2022 年）

单位：万元

按经费类别分						按经费来源分			
其他日常性支出	资产性支出	土建费	仪器与设备支出	资本化的计算机软件支出	专利和专有技术支出	政府资金	企业资金	国外资金	其他资金
129512	**46946**	**5305**	**39469**	**2161**	**11**	**224175**	**52090**	**0**	**55122**
74970	24974	4474	19317	1177	6	141693	24394	0	32087
54541	21971	831	20151	984	5	82482	27697	0	23035
105299	38477	2784	34422	1260	10	192954	33474	0	33845
17137	6530	2521	3107	900	1	28185	16282	0	14266
7076	1939	0	1939	0	0	3035	2335	0	7011
254	0	0	0	0	0	2266	0	0	0
23825	15458	957	14045	457	0	47752	8382	0	12858
66	2	0	2	0	0	0	269	0	237
6298	2807	0	2665	143	0	4449	0	0	7359
77822	26516	4348	20978	1179	11	141243	43402	0	24277
2567	400	0	309	91	0	6609	37	0	4460
17069	1762	0	1470	292	0	19342	0	0	5139
1611	1	0	1	0	0	2515	0	0	792
35448	23481	1207	21109	1164	1	101115	11846	0	10428
4857	3792	803	2989	0	0	21645	5	0	0
20760	3134	0	2834	300	0	27950	125	0	8585
63235	16471	3295	12468	697	11	56177	40114	0	36040
5213	69	0	69	0	0	17288	0	0	69
16310	1712	0	1420	292	0	16101	0	0	5139
12313	8680	1759	6464	457	0	26317	345	0	12240
26272	11416	2324	8771	321	0	55639	21863	0	11094
20033	5325	1169	4116	35	6	54470	26	0	2152
37228	3507	26	3340	141	1	42962	24505	0	12898
10434	5421	0	5254	167	0	9449	4656	0	8827
3483	5462	28	4793	637	5	9945	309	0	1654
617	112	0	0	112	0	926	0	0	961
1627	23	0	23	0	0	1858	261	0	157
1196	5288	0	5288	0	0	6508	125	0	0

表 2-10　科学研究和技术服务业事业单位

项　目	R&D日常性支出	按活动类型分		
		基础研究	应用研究	试验发展
合计	**284441**	**29221**	**116306**	**138913**
一、按机构隶属关系分				
中央部门属	173199	23635	81966	67597
非中央部门属	111242	5586	34340	71316
二、按机构从事的国民经济行业分				
研究和试验发展	221796	27458	95117	99221
专业技术服务业	52203	1763	21190	29250
科技推广和应用服务业	10442	0	0	10442
三、按机构服务的国民经济行业分				
农、林、牧、渔业	2266	0	1041	1225
采矿业与制造业	53534	6796	21397	25341
电力、热力、燃气及水生产和供应业	504	0	0	504
信息传输、软件和信息技术服务业与租赁和商务服务业	9000	0	0	9000
科学研究和技术服务业	182406	20042	75723	86641
水利、环境和公共设施管理业	10706	280	2134	8293
卫生和社会工作	22719	2103	16012	4604
公共管理、社会保障和社会组织	3306	0	0	3306
四、按机构所属学科分				
自然科学	99908	10348	51614	37947
农业科学	17858	975	6922	9961
医药科学	33526	7085	18079	8363
工程与技术科学	115861	7610	27037	81214
人文与社会科学	17288	3204	12655	1429
五、按机构从业人员规模分				
≥ 1000 人	19528	2103	14752	2674
500 ～ 999 人	30223	1237	10649	18337
300 ～ 499 人	77180	6284	32376	38521
200 ～ 299 人	51322	12178	35641	3503
100 ～ 199 人	76858	6350	15712	54796
50 ～ 99 人	17512	5	761	16746
30 ～ 49 人	6446	1013	3662	1772
20 ～ 29 人	1775	0	822	953
10 ～ 19 人	2253	52	1711	490
0 ～ 9 人	1345	0	222	1122

R&D 日常性支出情况（2022 年）

单位：万元

按经费来源分				
政府资金	企业资金	事业单位资金	国外资金	其他资金
183599	**51712**	**41488**	**0**	**7641**
120663	24030	23265	0	5242
62937	27682	18224	0	2399
158479	33110	24965	0	5242
22893	16282	12055	0	974
2227	2321	4469	0	1426
2266	0	0	0	0
35384	8019	10131	0	0
0	269	235	0	0
2763	0	6237	0	0
116744	43388	18834	0	3441
6210	37	4460	0	0
17720	0	799	0	4200
2514	0	792	0	0
78783	11482	8669	0	974
17853	5	0	0	0
25165	125	2994	0	5242
44510	40100	29825	0	1426
17288	0	0	0	0
14529	0	799	0	4200
20360	345	9517	0	0
45352	21499	10330	0	0
49483	26	1814	0	0
39664	24505	10222	0	2468
5227	4642	7643	0	0
5116	309	436	0	584
814	0	571	0	390
1836	261	157	0	0
1219	125	0	0	0

表 2-11　科学研究和技术服务业事业单位

项　目	R&D 经费外部支出	对境内研究机构支出
合计	**9525**	**2314**
一、按机构隶属关系分		
中央部门属	518	100
非中央部门属	9007	2214
二、按机构从事的国民经济行业分		
研究和试验发展	9515	2314
专业技术服务业	10	0
科技推广和应用服务业	0	0
三、按机构服务的国民经济行业分		
农、林、牧、渔业	0	0
采矿业与制造业	1822	826
电力、热力、燃气及水生产和供应业	0	0
信息传输、软件和信息技术服务业与租赁和商务服务业	0	0
科学研究和技术服务业	7682	1482
水利、环境和公共设施管理业	21	6
卫生和社会工作	0	0
公共管理、社会保障和社会组织	0	0
四、按机构所属学科分		
自然科学	7948	1956
农业科学	10	0
医药科学	470	270
工程与技术科学	1097	88
人文与社会科学	0	0
五、按机构从业人员规模分		
≥ 1000 人	0	0
500 ～ 999 人	0	0
300 ～ 499 人	0	0
200 ～ 299 人	7	0
100 ～ 199 人	312	6
50 ～ 99 人	785	100
30 ～ 49 人	2240	1030
20 ～ 29 人	35	0
10 ～ 19 人	476	82
0 ～ 9 人	5670	1096

R&D 经费外部支出情况（2022 年）

单位：万元

对境内高等学校支出	对境内企业支出	对境内其他单位支出	对境外机构支出
6030	**915**	**267**	**0**
100	110	208	0
5930	805	59	0
6030	905	267	0
0	10	0	0
0	0	0	0
0	0	0	0
539	457	0	0
0	0	0	0
0	0	0	0
5491	452	258	0
0	6	9	0
0	0	0	0
0	0	0	0
5154	630	208	0
0	10	0	0
150	0	50	0
726	275	9	0
0	0	0	0
0	0	0	0
0	0	0	0
0	0	0	0
7	0	0	0
230	68	9	0
255	222	208	0
1130	80	0	0
0	35	0	0
334	60	0	0
4074	450	50	0

表 2-12 科学研究和技术服务业

项 目	专利申请受理数（件）	#发明专利	专利授权数（件）	#发明专利	#国外授权	有效发明专利数（件）
合计	**1200**	**747**	**1103**	**604**	**21**	**3068**
一、按机构隶属关系分						
中央部门属	794	528	735	424	16	2155
非中央部门属	406	219	368	180	5	913
二、按机构从事的国民经济行业分						
研究和试验发展	774	543	742	415	10	2495
专业技术服务业	388	168	319	148	11	481
科技推广和应用服务业	38	36	42	41	0	92
三、按机构服务的国民经济行业分						
农、林、牧、渔业	43	4	39	0	0	33
采矿业与制造业	310	279	223	180	6	813
电力、热力、燃气及水生产和供应业	0	0	0	0	0	0
信息传输、软件和信息技术服务业与租赁和商务服务业	20	20	41	41	0	115
科学研究和技术服务业	723	415	686	344	15	1936
水利、环境和公共设施管理业	55	3	48	10	0	58
卫生和社会工作	45	22	61	24	0	107
公共管理、社会保障和社会组织	4	4	5	5	0	6
四、按机构所属学科分						
自然科学	359	328	305	247	5	1123
农业科学	134	47	136	35	4	200
医药科学	83	44	102	38	0	256
工程与技术科学	624	328	560	284	12	1489
人文与社会科学	0	0	0	0	0	0
五、按机构从业人员规模分						
≥ 1000 人	33	13	53	17	0	90
500 ～ 999 人	110	55	124	45	3	230
300 ～ 499 人	531	380	437	286	15	1063
200 ～ 299 人	119	87	111	75	1	449
100 ～ 199 人	261	104	231	91	1	844
50 ～ 99 人	70	52	96	71	0	182
30 ～ 49 人	32	18	35	10	0	90
20 ～ 29 人	23	20	8	2	1	27
10 ～ 19 人	15	14	8	7	0	93
0 ～ 9 人	6	4	0	0	0	0

事业单位科技产出情况（2022 年）

专利所有权转让与许可数（件）	专利所有权转让与许可收入（万元）	科技论文（篇）	# 国外发表	科技著作（种）	形成国家或行业标准数（项）	集成电路布图设计登记数（件）	植物新品种权授予数（项）	软件著作权数（件）	新药证书数（件）
100	**3713**	**3313**	**1210**	**123**	**140**	**0**	**12**	**287**	**4**
62	3420	1987	979	38	89	0	0	154	4
38	293	1326	231	85	51	0	12	133	0
83	3563	2468	1061	100	59	0	12	154	4
12	50	740	144	21	81	0	0	126	0
5	100	105	5	2	0	0	0	7	0
4	2	44	1	0	5	0	0	0	0
25	1605	435	291	2	3	0	0	27	0
0	0	5	0	0	0	0	0	0	0
0	0	1	0	0	0	0	0	8	0
68	2094	2352	713	112	127	0	12	215	0
0	0	68	5	7	2	0	0	37	0
3	12	329	200	1	0	0	0	0	4
0	0	79	0	1	3	0	0	0	0
27	654	1063	548	10	33	0	0	52	0
11	121	222	42	4	19	0	12	61	0
9	19	408	251	1	0	0	0	0	4
53	2920	1209	361	40	88	0	0	174	0
0	0	411	8	68	0	0	0	0	0
3	12	390	190	3	0	0	0	0	4
18	1190	255	41	5	7	0	12	88	0
15	584	880	406	25	37	0	0	85	0
20	405	899	239	75	20	0	0	25	0
20	1350	504	169	13	64	0	0	56	0
16	100	98	11	1	11	0	0	23	0
0	0	250	143	1	0	0	0	7	0
0	0	25	8	0	1	0	0	1	0
8	72	11	2	0	0	0	0	2	0
0	0	1	1	0	0	0	0	0	0

表 2-13 科学研究和技术服务业

项 目	对外科技服务工作量	科技成果的示范性推广工作	为用户提供可行性报告、技术方案、建议及进行技术论证等技术咨询工作
合计	**3507**	**198**	**858**
一、按机构隶属关系分			
中央部门属	934	93	247
非中央部门属	2573	105	611
二、按机构从事的国民经济行业分			
研究和试验发展	1389	164	306
专业技术服务业	1955	17	527
科技推广和应用服务业	163	17	25
三、按机构服务的国民经济行业分			
农、林、牧、渔业	67	20	24
采矿业与制造业	665	59	302
电力、热力、燃气及水生产和供应业	32	0	12
信息传输、软件和信息技术服务业与租赁和商务服务业	24	8	3
科学研究和技术服务业	2276	105	350
水利、环境和公共设施管理业	181	4	116
卫生和社会工作	94	2	13
公共管理、社会保障和社会组织	168	0	38
四、按机构所属学科分			
自然科学	795	29	348
农业科学	152	26	34
医药科学	117	15	13
工程与技术科学	2335	121	425
人文与社会科学	108	7	38
五、按机构从业人员规模分			
≥ 1000 人	55	0	0
500 ～ 999 人	220	43	32
300 ～ 499 人	502	26	134
200 ～ 299 人	865	21	331
100 ～ 199 人	1019	55	266
50 ～ 99 人	611	28	46
30 ～ 49 人	114	5	12
20 ～ 29 人	72	3	28
10 ～ 19 人	36	14	9
0 ～ 9 人	13	3	0

事业单位对外科技服务情况（2022 年）

单位：人年

地形、地质和水文考察、天文、气象和地震的日常观察	为社会和公众提供的检验、检疫、测试、标准化、计量、计算、质量控制和专利服务	科技信息文献服务	提供孵化、平台搭建等科技服务活动	科学普及	其他科技服务活动
81	**1683**	**61**	**94**	**189**	**343**
59	384	17	28	87	19
22	1299	44	66	102	324
0	547	60	64	121	127
81	1073	1	1	65	190
0	63	0	29	3	26
0	0	0	0	3	20
2	216	13	39	23	11
0	10	10	0	0	0
0	8	0	0	2	3
79	1309	13	55	87	278
0	45	0	0	16	0
0	29	0	0	44	6
0	66	25	0	14	25
51	215	3	27	46	76
0	56	2	2	8	24
0	29	0	4	49	7
30	1380	31	61	76	211
0	3	25	0	10	25
0	14	0	0	41	0
0	99	12	12	15	7
30	278	1	8	13	12
21	474	5	6	5	2
10	386	25	14	52	211
20	348	7	32	31	99
0	55	10	15	15	2
0	24	1	4	3	9
0	0	0	2	11	0
0	5	0	1	3	1

（二）转制为企业的研究机构

表 2-14　转制为企业的

项　目	纳统企业数（个）	从业人员（人）	# 专业技术人员
合计	**45**	**9265**	**6490**
一、按机构隶属关系分			
中央部门属	6	4951	4017
非中央部门属	39	4314	2473
二、按机构从事的国民经济行业分			
制造业	19	1426	668
批发和零售业与信息传输、软件和信息技术服务业	3	121	69
租赁和商务服务业与科学研究和技术服务业	23	7718	5753
三、按机构所属学科分			
自然科学及医药科学	3	314	144
工程与技术科学及人文与社会科学	42	8951	6346

表 2-15　转制为企业的研究机构

项　目	技术性收入	技术转让收入	技术承包收入	技术咨询与服务收入	技术开发收入
合计	**1054231**	**1663**	**759481**	**243163**	**49924**
一、按机构隶属关系分					
中央部门属	897999	0	759481	107529	30989
非中央部门属	156232	1663	0	135634	18936
二、按机构从事的国民经济行业分					
制造业	41083	1662	0	6738	32683
批发和零售业与信息传输、软件和信息技术服务业	1488	0	0	225	1263
租赁和商务服务业与科学研究和技术服务业	1011660	1	759481	236200	15978
三、按机构所属学科分					
自然科学及医药科学	5453	0	0	5453	0
工程与技术科学及人文与社会科学	1048778	1663	759481	237709	49924

研究机构概况（2022 年）

# 本科及以上学历	技术性收入（万元）	# 技术开发收入	科技活动经费支出（万元）
7713	**1054231**	**49924**	**121527**
4559	897999	30989	66179
3154	156232	18936	55348
791	41083	32683	11459
99	1488	1263	258
6823	1011660	15978	109810
219	5453	0	12219
7494	1048778	49924	109308

技术性收入情况（2022 年）

单位：万元

政府委托 / 采购	企业委托	国外委托	其他
104	**49821**	**0**	**0**
0	30989	0	0
104	18832	0	0
29	32654	0	0
20	1243	0	0
55	15924	0	0
0	0	0	0
104	49821	0	0

表 2–16 转制为企业的研究机构

项 目	科技活动经费支出	人员人工费用（包含各种补贴）	直接投入费用
合计	**121527**	**56133**	**43189**
一、按机构隶属关系分			
中央部门属	66179	32847	28296
非中央部门属	55348	23286	14893
二、按机构从事的国民经济行业分			
制造业	11459	6676	3363
批发和零售业与信息传输、软件和信息技术服务业	258	236	0
租赁和商务服务业与科学研究和技术服务业	109810	49221	39826
三、按机构所属学科分			
自然科学及医药科学	12219	5162	1942
工程与技术科学及人文与社会科学	109308	50971	41247

科技活动经费支出情况（2022 年）

单位：万元

折旧费用与长期待摊费用	无形资产摊销费用	设计费用	装备调试费用与试验费用	委托外单位开展科技活动的经费	其他费用
5499	**464**	**0**	**5364**	**5418**	**5461**
1057	270	0	156	1347	2207
4443	193	0	5209	4071	3254
323	69	0	23	259	747
7	0	0	0	1	14
5169	395	0	5341	5158	4699
1584	33	0	3420	0	79
3915	431	0	1944	5418	5382

表 2-17　转制为企业的研究机构固定资产情况（2022 年）

单位：万元

项　目	年末固定资产原价	# 科学仪器设备
合计	**1055971**	**61894**
一、按机构隶属关系分		
中央部门属	711137	20580
非中央部门属	344835	41314
二、按机构从事的国民经济行业分		
制造业	110950	11142
批发和零售业与信息传输、软件和信息技术服务业	1130	0
租赁和商务服务业与科学研究和技术服务业	943891	50752
三、按机构所属学科分		
自然科学及医药科学	60260	18664
工程与技术科学及人文与社会科学	995711	43231

表 2–18　转制为企业的研究机构科技课题概况（2022 年）

项　目	课题数（项）	课题经费内部支出（万元）	#政府资金	课题人员折合全时当量（人年）	#研究人员
合计	**709**	**103641**	**2655**	**2545.7**	**1860.6**
一、按机构隶属关系分					
中央部门属	288	55801	1502	1373.9	944.9
非中央部门属	421	47840	1153	1171.8	915.7
二、按课题来源分					
国家科技课题	46	1323	1682	129.8	96.0
地方科技课题	59	2732	862	147.1	103.6
企业委托科技课题	154	22601	0	273.9	246.1
自选科技课题	437	76524	29	1974.5	1397.4
国际合作科技课题	1	60	60	2.0	2.0
其他科技课题	12	401	22	18.4	15.5
三、按课题活动类型分					
基础研究	26	2861	283	73.9	53.6
应用研究	228	30412	1662	638.5	524.9
试验发展	388	63531	676	1671.1	1163.7
试制与工程化	49	5387	34	108.6	80.6
技术咨询与技术服务	18	1450	0	53.6	37.8
四、按课题所属学科分					
自然科学	12	773	32	34.9	24.4
农业科学	3	158	0	8.2	5.2
医药科学	60	10783	758	131.0	130.0
工程与技术科学	633	91828	1865	2370.5	1700.0
人文与社会科学	1	100	0	1.1	1.0
五、按课题的社会经济目标分					
环境保护、生态建设及污染防治	59	7223	11	236.2	167.2
能源生产、分配和合理利用	74	7374	29	183.1	159.4
卫生事业发展	65	11062	761	142.2	140.6
基础设施以及城市和农村规划	170	20060	1479	795.3	478.3
基础社会发展和社会服务	116	30513	20	515.9	479.2
农林牧渔业发展	6	210	29	25.5	16.4
工商业发展	161	23533	290	502.9	339.6
非定向研究	48	3399	3	113.6	48.9
其他民用目标	10	268	34	31.0	31.0
六、按课题服务的国民经济行业分					
农、林、牧、渔业	2	120	0	4.7	2.8
采矿业	43	4353	9	89.8	88.8
制造业	288	50558	1002	1045.0	826.3
电力、热力、燃气及水生产和供应业	5	1773	0	48.3	19.1
建筑业	21	2087	70	76.2	42.1
交通运输、仓储和邮政业	2	50	5	6.6	2.5
信息传输、软件和信息技术服务业	8	424	20	37.7	24.4
租赁和商务服务业	1	20	0	2.4	0.8
科学研究和技术服务业	271	36960	1538	959.0	668.8
水利、环境和公共设施管理业	62	7075	11	259.4	179.8
教育	1	141	0	6.0	1.5
卫生和社会工作	1	0	0	0.3	0.3
公共管理、社会保障和社会组织	4	82	0	10.3	3.4

表 2-19　转制为企业的研究机构科技课题经费内部支出情况（2022 年）

单位：万元

项　目	课题经费内部支出	基础研究	应用研究	试验发展	试制与工程化	技术咨询与技术服务
合计	**103641**	**2861**	**30412**	**63531**	**5387**	**1450**
一、按机构隶属关系分						
中央部门属	55801	2014	4110	49360	44	272
非中央部门属	47840	848	26302	14170	5343	1178
二、按课题来源分						
国家科技课题	1323	27	915	372	9	0
地方科技课题	2732	340	1232	1046	114	0
企业委托科技课题	22601	418	12171	4955	4425	633
自选科技课题	76524	2076	15874	57063	695	817
国际合作科技课题	60	0	60	0	0	0
其他科技课题	401	0	160	96	145	0
三、按课题所属学科分						
自然科学	773	40	576	69	88	0
农业科学	158	0	0	0	37	120
医药科学	10783	340	10430	13	0	0
工程与技术科学	91828	2481	19407	63449	5262	1231
人文与社会科学	100	0	0	0	0	100
四、按课题的社会经济目标分						
环境保护、生态建设及污染防治	7223	188	2125	4588	226	96
能源生产、分配和合理利用	7374	0	909	6465	0	0
卫生事业发展	11062	340	10513	143	66	0
基础设施以及城市和农村规划	20060	2014	4508	13195	71	272
基础社会发展和社会服务	30513	12	237	30108	6	150
农林牧渔业发展	210	0	51	36	122	0
工商业发展	23533	307	11756	5805	4732	932
非定向研究	3399	0	263	2973	163	0
其他民用目标	268	0	51	217	0	0
五、按课题服务的国民经济行业分						
农、林、牧、渔业	120	0	0	0	0	120
采矿业	4353	40	0	4313	0	0
制造业	50558	354	12484	37018	684	18
电力、热力、燃气及水生产和供应业	1773	0	0	1773	0	0
建筑业	2087	0	211	1785	91	0
交通运输、仓储和邮政业	50	0	0	50	0	0
信息传输、软件和信息技术服务业	424	0	88	311	25	0
租赁和商务服务业	20	0	0	20	0	0
科学研究和技术服务业	36960	2279	15713	13510	4474	984
水利、环境和公共设施管理业	7075	188	1917	4684	111	175
教育	141	0	0	0	0	141
卫生和社会工作	0	0	0	0	0	0
公共管理、社会保障和社会组织	82	0	0	67	3	13

表 2-20　转制为企业的研究机构科技课题投入人员情况（2022 年）

单位：人年

项目	课题人员折合全时当量	基础研究	应用研究	试验发展	试制与工程化	技术咨询与技术服务
合计	**2545.7**	**73.9**	**638.5**	**1671.1**	**108.6**	**53.6**
一、按机构隶属关系分						
中央部门属	1373.9	54.6	221.8	1084.2	1.5	11.8
非中央部门属	1171.8	19.3	416.7	586.9	107.1	41.8
二、按课题来源分						
国家科技课题	129.8	5.7	87.4	35.4	1.3	0
地方科技课题	147.1	2.0	66.2	73.5	5.4	0
企业委托科技课题	273.9	6.8	105.6	131.9	27.4	2.2
自选科技课题	1974.5	59.4	370.3	1424.5	68.9	51.4
国际合作科技课题	2.0	0	2.0	0	0	0
其他科技课题	18.4	0	7.0	5.8	5.6	0
三、按课题所属学科分						
自然科学	34.9	2.8	11.5	10.0	10.6	0
农业科学	8.2	0	0	0	3.5	4.7
医药科学	131.0	2.0	127.0	2.0	0	0
工程与技术科学	2370.5	69.1	500.0	1659.1	94.5	47.8
人文与社会科学	1.1	0	0	0	0	1.1
四、按课题的社会经济目标分						
环境保护、生态建设及污染防治	236.2	3.4	60.8	134.1	24.6	13.3
能源生产、分配和合理利用	183.1	0	6.5	176.6	0	0
卫生事业发展	142.2	2.0	130.0	6.9	3.3	0
基础设施以及城市和农村规划	795.3	54.6	277.8	445.9	5.2	11.8
基础社会发展和社会服务	515.9	1.8	3.4	504.3	1.4	5.0
农林牧渔业发展	25.5	0	5.0	7.0	13.5	0
工商业发展	502.9	12.1	139.5	272.5	55.3	23.5
非定向研究	113.6	0	11.5	96.8	5.3	0
其他民用目标	31.0	0	4.0	27.0	0	0
五、按课题服务的国民经济行业分						
农、林、牧、渔业	4.7	0	0	0	0	4.7
采矿业	89.8	2.8	0	87.0	0	0
制造业	1045.0	4.8	212.3	777.2	47.3	3.4
电力、热力、燃气及水生产和供应业	48.3	0	0	48.3	0	0
建筑业	76.2	0	11.0	57.0	8	0
交通运输、仓储和邮政业	6.6	0	0	6.6	0	0
信息传输、软件和信息技术服务业	37.7	0	15.1	18.7	4	0
租赁和商务服务业	2.4	0	0	2.4	0	0
科学研究和技术服务业	959.0	62.9	337.3	514.8	25.8	18.2
水利、环境和公共设施管理业	259.4	3.4	62.8	151.1	22.4	19.7
教育	6.0	0	0	0	0	6.0
卫生和社会工作	0.3	0	0	0	0	0
公共管理、社会保障和社会组织	10.3	0	0	8.0	0.7	1.6

表 2-21　转制为企业的研究机构 R&D 人员情况（2022 年）

单位：人

项　目	R&D 人员	# 女性	# 中、高级职称	按工作量分	
				R&D 全时人员	R&D 非全时人员
合计	**3491**	**942**	**2324**	**1603**	**1888**
一、按机构隶属关系分					
中央部门属	2159	553	1470	666	1493
非中央部门属	1332	389	854	937	395
二、按机构从事的国民经济行业分					
制造业	573	140	285	401	172
批发和零售业与信息传输、软件和信息技术服务业	31	14	19	28	3
租赁和商务服务业与科学研究和技术服务业	2887	788	2020	1174	1713
三、按机构所属学科分					
自然科学及医药科学	145	73	127	143	2
工程与技术科学及人文与社会科学	3346	869	2197	1460	1886

表 2-21　转制为企业的研究机构 R&D 人员情况（2022 年）（续）

项　目	R&D 人员（人）	按学位分				R&D 人员折合全时当量（人年）
		博士毕业	硕士毕业	本科毕业	其他	
合计	**3491**	**162**	**1480**	**1732**	**117**	**2580**
一、按机构隶属关系分						
中央部门属	2159	61	884	1172	42	1442
非中央部门属	1332	101	596	560	75	1138
二、按机构从事的国民经济行业分						
制造业	573	5	149	344	75	451
批发和零售业与信息传输、软件和信息技术服务业	31	0	11	19	1	28
租赁和商务服务业与科学研究和技术服务业	2887	157	1320	1369	41	2101
三、按机构所属学科分						
自然科学及医药科学	145	26	82	36	1	144
工程与技术科学及人文与社会科学	3346	136	1398	1696	116	2436

表 2-22　转制为企业的研究机构 R&D 经费内部支出按资金来源分布（2022 年）

单位：万元

项　目	R&D 经费内部支出	政府资金	企业资金	国外资金	其他资金
合计	**105657**	**2722**	**96934**	**0**	**6001**
一、按机构隶属关系分					
中央部门属	58566	1503	57064	0	0
非中央部门属	47091	1220	39870	0	6001
二、按机构从事的国民经济行业分					
制造业	10075	335	9740	0	0
批发和零售业与信息传输、软件和信息技术服务业	231	20	211	0	0
租赁和商务服务业与科学研究和技术服务业	95350	2367	86983	0	6001
三、按机构所属学科分					
自然科学及医药科学	12203	786	11417	0	0
工程与技术科学及人文与社会科学	93454	1936	85517	0	6001

表 2-23　转制为企业的研究机构 R&D 经费内部支出按活动类型分布（2022 年）

单位：万元

项　目	R&D 经费内部支出	基础研究	应用研究	试验发展
合计	**105657**	**3690**	**36741**	**65226**
一、按机构隶属关系分				
中央部门属	58566	2685	5461	50420
非中央部门属	47091	1005	31279	14806
二、按机构从事的国民经济行业分				
制造业	10075	0	2605	7470
批发和零售业与信息传输、软件和信息技术服务业	231	0	0	231
租赁和商务服务业与科学研究和技术服务业	95350	3690	34136	57525
三、按机构所属学科分				
自然科学及医药科学	12203	383	11752	68
工程与技术科学及人文与社会科学	93454	3307	24989	65159

表 2–24 转制为企业的研究机构 R&D 经费

项 目	R&D 经费内部支出	R&D 日常性支出	
			人员人工费
合计	**105657**	**100120**	**48654**
一、按机构隶属关系分			
中央部门属	58566	57321	27691
非中央部门属	47091	42799	20963
二、按机构从事的国民经济行业分			
制造业	10075	9880	6225
批发和零售业与信息传输、软件和信息技术服务业	231	231	231
租赁和商务服务业与科学研究和技术服务业	95350	90009	42198
三、按机构所属学科分			
自然科学及医药科学	12203	10603	5162
工程与技术科学及人文与社会科学	93454	89518	43492

内部支出按经费类别分布（2022 年）

单位：万元

直接投入费用	其他费用	R&D 资产性支出	# 仪器与设备支出	# 土地与建筑物支出
42466	**9000**	**5537**	**5478**	**0**
27806	1824	1245	1186	0
14660	7175	4292	4292	0
3143	512	196	196	0
0	0	0	0	0
39324	8487	5342	5282	0
1942	3498	1601	1601	0
40524	5502	3936	3877	0

表 2-25　转制为企业的研究机构 R&D 经费外部支出情况（2022 年）

单位：万元

项　目	R&D 经费外部支出	对境内研究机构支出	对境内高等学校支出	对境内企业支出	对境内其他单位支出	对境外机构支出
合计	**2999**	**763**	**639**	**1598**	**0**	**0**
一、按机构隶属关系分						
中央部门属	1347	53	373	921	0	0
非中央部门属	1653	710	266	677	0	0
二、按机构从事的国民经济行业分						
制造业	87	0	15	72	0	0
批发和零售业与信息传输、软件和信息技术服务业	0	0	0	0	0	0
租赁和商务服务业与科学研究和技术服务业	2912	763	624	1526	0	0
三、按机构所属学科分						
自然科学及医药科学	0	0	0	0	0	0
工程与技术科学及人文与社会科学	2999	763	639	1598	0	0

表 2-26　转制为企业的研究机构专利情况（2022 年）

项　目	专利申请数（件）	#发明专利	专利授权数（件）	#发明专利	#国外授权	有效发明专利数（件）	专利所有权转让及许可数（件）	专利所有权转让及许可收入（万元）
合计	**673**	**367**	**552**	**219**	**5**	**1675**	**6**	**289**
一、按机构隶属关系分								
中央部门属	277	138	290	118	0	447	0	0
非中央部门属	396	229	262	101	5	1228	6	289
二、按机构从事的国民经济行业分								
制造业	74	39	78	19	0	410	0	0
批发和零售业与信息传输、软件和信息技术服务业	0	0	0	0	0	0	0	0
租赁和商务服务业与科学研究和技术服务业	599	328	474	200	5	1265	6	289
三、按机构所属学科分								
自然科学及医药科学	17	17	11	10	4	172	3	289
工程与技术科学及人文与社会科学	656	350	541	209	1	1503	3	0

表 2-27 转制为企业的研究机构论文、著作及其他科技产出情况（2022 年）

项 目	科技论文（篇）	# 国外发表	科技著作（种）	形成国家或行业标准数（项）	集成电路布图设计登记数（件）	植物新品种权授予数（项）	软件著作权数（件）	新药证书数（件）
合计	**1095**	**283**	**10**	**139**	**0**	**0**	**296**	**0**
一、按机构隶属关系分								
中央部门属	586	227	5	50	0	0	227	0
非中央部门属	509	56	3	89	0	0	69	0
二、按机构从事的国民经济行业分								
制造业	78	7	1	9	0	0	19	0
批发和零售业与信息传输、软件和信息技术服务业	0	0	0	0	0	0	14	0
租赁和商务服务业与科学研究和技术服务业	1017	276	9	130	0	0	263	0
三、按机构所属学科分								
自然科学及医药科学	38	10	0	5	0	0	0	0
工程与技术科学及人文与社会科学	1057	273	10	134	0	0	296	0

第三部分

规模以上工业企业

表 3-1　规模以上工业企业基本情况（2018—2022 年）

项　目	2018 年	2019 年	2020 年	2021 年	2022 年
企业单位数（个）	**4363**	**4811**	**5118**	**5659**	**5780**
大型企业	130	127	119	121	121
中型企业	488	465	459	459	457
小型企业	3356	3673	3871	4210	4329
微型企业	389	546	669	869	873
# 有 R&D 活动（个）	**1387**	**1298**	**1444**	**1649**	**1631**
大型企业	79	77	70	73	79
中型企业	271	222	250	250	252
小型企业	1011	950	1065	1248	1225
微型企业	26	49	59	78	75
# 有研发机构（个）	**403**	**433**	**479**	**537**	**520**
大型企业	44	48	49	44	50
中型企业	112	120	134	149	138
小型企业	244	256	290	337	322
微型企业	3	9	6	7	10
从业人员期末人数（人）	**961176**	**954268**	**950731**	**955578**	**934678**
大型企业	376750	357807	350462	344161	329589
中型企业	260698	245675	245307	237950	232514
小型企业	318699	334476	344117	363139	361021
微型企业	5029	16310	10845	10328	11554
工业总产值（亿元）	**16597.75**	**17688.04**	**17569.83**	**21170.23**	**21793.36**
大型企业	7970.25	8131.90	7751.62	9468.63	10536.95
中型企业	3683.84	3717.40	3960.74	4539.26	4380.06
小型企业	4675.54	5029.88	5203.72	6674.68	6435.38
微型企业	268.13	808.86	653.75	487.67	440.97
营业收入①（亿元）	**17569.60**	**18967.78**	**19009.11**	**23013.48**	**24046.96**
大型企业	8156.58	8511.54	8088.68	9865.18	10897.63
中型企业	4056.15	4042.81	4379.53	5070.41	4951.86
小型企业	4995.25	5573.72	5783.82	7482.54	7656.57
微型企业	361.61	839.71	757.09	595.35	540.91
利润总额（亿元）	**1243.79**	**1248.37**	**978.74**	**1516.48**	**1669.86**
大型企业	949.62	882.32	554.45	996.57	1251.90
中型企业	132.67	155.59	168.74	225.88	171.46
小型企业	157.09	194.43	234.22	284.62	237.95
微型企业	4.42	16.03	21.32	9.41	8.55
资产总计（亿元）	**20996.69**	**21616.41**	**21635.07**	**23421.37**	**25251.16**
大型企业	9993.21	9861.76	9901.00	10674.32	11914.93
中型企业	5300.68	4627.85	4806.50	5149.75	5065.89
小型企业	5442.06	5964.27	6206.76	7078.08	7821.74
微型企业	260.74	1162.54	720.82	519.22	448.60

注：① 2018 年数据为主营业务收入口径。

表 3–2　规模以上工业企业

项　目	单位数（个）	# 有 R&D 活动	# 有研发机构	从业人员期末人数（人）
合计	**5780**	**1631**	**520**	**934678**
一、按企业规模分				
大型	121	79	50	329589
中型	457	252	138	232514
小型	4329	1225	322	361021
微型	873	75	10	11554
二、按隶属关系分				
中央	81	49	25	81317
地方	413	148	77	137622
其他	5286	1434	418	715739
三、按登记注册类型分				
内资企业	**4662**	**1391**	**434**	**609300**
国有企业	36	15	5	6175
集体企业	12	1	1	994
股份合作企业和联营企业	20	2	1	1946
有限责任公司	958	392	154	236921
股份有限公司	196	117	68	77265
私营企业和其他企业	3440	864	205	285999
港、澳、台商投资企业	**220**	**75**	**29**	**73777**
合资经营企业（港或澳、台资）	86	36	15	27800
合作经营企业（港或澳、台资）	2	0	1	248
港、澳、台商独资经营企业	122	33	11	40892
港、澳、台商投资股份有限公司	8	6	1	4691
其他港、澳、台投资企业	2	0	1	146
外商投资企业	**898**	**165**	**57**	**251601**
中外合资经营企业	239	62	16	98217
中外合作经营企业	5	1	0	1747
外资企业	630	89	35	142636
外商投资股份有限公司	16	10	5	7134
其他外商投资企业	8	3	1	1867
四、按国民经济行业分				
采矿业	**11**	**8**	**5**	**53707**
石油和天然气开采业	2	2	2	19641
煤炭开采和洗选业与黑色金属矿采选业	2	1	0	828
非金属矿采选业	2	2	2	4246
开采专业及辅助性活动	5	3	1	28992
其他采矿业	0	0	0	0
制造业	**5506**	**1594**	**511**	**839183**
农副食品加工业	146	22	7	14591
食品制造业	139	41	10	25580

基本情况（2022 年）

工业总产值（亿元）	营业收入（万元）	利润总额（万元）	资产总计（万元）
21793.36	**240469617**	**16698570**	**252511636**
10536.95	108976298	12519042	119149309
4380.06	49518553	1714554	50658938
6435.38	76565680	2379481	78217379
440.97	5409086	85493	4486011
2722.22	27648657	−121310	31893292
2811.92	32043776	1341273	52203045
16259.22	180777184	15478607	168415299
12898.05	**145014749**	**2703824**	**163498849**
181.72	2292366	94799	2481672
8.03	82634	329	56765
14.90	152776	1069	212500
5240.07	57866772	726570	79200857
2141.09	23981196	909697	33041437
5312.23	60639006	971361	48505618
2681.30	**27506578**	**9371297**	**31992877**
477.32	5397307	232223	7357814
1.32	13287	1201	37863
2051.38	20533740	9128702	21335895
150.30	1552030	9295	3254912
0.98	10214	−123	6393
6214.00	**67948290**	**4623448**	**57019911**
2975.45	32084988	2353713	25660802
33.29	386223	38094	416261
3039.84	33804288	2043556	27707066
117.93	1189907	138791	2547134
47.50	482884	49295	688648
2063.30	**20720561**	**8796131**	**28926360**
1657.00	16427848	8746663	20067557
71.94	602312	−13831	259873
23.47	427788	27477	4451164
310.90	3262613	35823	4147766
0	0	0	0
18097.04	**202914006**	**7823704**	**187562785**
751.92	8655634	116485	3976059
346.74	3985026	234211	3922289

项　目	单位数（个）	# 有 R&D 活动	# 有研发机构	从业人员期末人数（人）
酒、饮料和精制茶制造业	34	8	4	7276
烟草制品业和纺织业	53	9	1	6473
纺织服装、服饰业	41	1	0	3798
皮革、毛皮、羽毛及其制品和制鞋业	21	5	2	4021
木材加工和木、竹、藤、棕、草制品业	36	2	0	1225
家具制造业	53	8	2	14661
造纸和纸制品业	142	25	7	12965
印刷和记录媒介复制业	89	25	2	9431
文教、工美、体育和娱乐用品制造业	82	18	8	9953
石油、煤炭及其他燃料加工业	38	14	5	11698
化学原料和化学制品制造业	316	107	48	38496
医药制造业	126	74	39	43290
化学纤维制造业	2	1	0	272
橡胶和塑料制品业	322	93	29	35486
非金属矿物制品业	357	65	19	29481
黑色金属冶炼和压延加工业	330	45	14	56459
有色金属冶炼和压延加工业	122	20	5	11653
金属制品业	676	135	38	59545
通用设备制造业	525	195	47	63822
专用设备制造业	380	179	65	52777
汽车制造业	371	106	40	108361
铁路、船舶、航空航天和其他运输设备制造业	296	72	17	43058
电气机械和器材制造业	339	125	38	61288
计算机、通信和其他电子设备制造业	251	119	45	89351
仪器仪表制造业	102	55	19	11170
其他制造业	31	6	0	2351
废弃资源综合利用业	52	10	0	2576
金属制品、机械和设备修理业	34	9	0	8075
电力、热力、燃气及水生产和供应业	**263**	**29**	**4**	**41788**
电力、热力生产和供应业	150	16	1	26388
燃气生产和供应业	52	3	1	7566
水的生产和供应业	61	10	2	7834
五、按企业控股情况分				
国有控股	483	213	94	197863
集体控股	49	13	9	5576
私人控股	4255	1212	353	444001
港、澳、台商控股	176	57	16	57563
外商控股	811	132	45	225121
其他	6	4	3	4554

续表

工业总产值（亿元）	营业收入（万元）	利润总额（万元）	资产总计（万元）
86.25	1129736	49514	1077467
114.47	1738067	124399	1705863
14.78	160887	3135	160365
17.86	195903	3580	144241
12.78	147691	−1863	128538
71.98	778735	25214	799981
229.80	2596676	74041	2448612
68.73	705751	29184	1115103
94.75	1157740	38597	955757
1227.15	13537061	−93836	6739993
1154.83	13412042	299622	17766484
652.20	7285001	841493	13111837
1.41	30741	3940	48607
364.17	4150310	113629	5039129
420.85	4590072	114951	6498335
2827.97	29547579	−175494	15427238
737.17	10672372	−283711	8884874
1056.83	11909433	251618	8205852
815.77	8948451	607497	9697578
653.26	7469370	747929	13649272
2434.09	26177532	2708444	22387718
561.58	5953637	183107	5799554
1282.02	14829642	467347	14246282
1841.50	20094500	1177426	20587864
109.98	1211641	146838	1605326
15.11	161781	4017	159260
105.53	1328146	3986	890589
25.56	352850	8406	382719
1633.01	**16835050**	**78735**	**36022492**
1122.08	11218671	−153742	24467865
412.53	4358028	68279	5225072
98.41	1258352	164197	6329555
6445.81	69049259	2112863	95084717
59.72	890473	20695	2471208
7947.62	90946868	1872679	83517845
2327.50	23619809	9296221	25326804
4972.51	55034001	3278327	44683823
40.19	929207	117786	1427239

表 3–3　规模以上工业企业

项　目	R&D 人员（人）	# 女性	# 研究人员	按工作性质分	
				项目研究开发人员	管理和服务人员
合计	**76666**	**18631**	**26362**	**71385**	**5281**
一、按企业规模分					
大型	29013	6668	10572	27238	1775
中型	20166	5606	7172	18759	1407
小型	26293	6120	8103	24261	2032
微型	1194	237	515	1127	67
二、按隶属关系分					
中央	6850	1384	3349	6391	459
地方	11664	3119	4395	10717	947
其他	58152	14128	18618	54277	3875
三、按登记注册类型分					
内资企业	**59102**	**13971**	**19971**	**54905**	**4197**
国有企业	485	125	214	419	66
集体企业	45	14	6	42	3
股份合作企业和联营企业	31	2	7	30	1
有限责任公司	26341	6119	9583	24720	1621
股份有限公司	9422	2722	4047	8560	862
私营企业和其他企业	22778	4989	6114	21134	1644
港、澳、台商投资企业	**5703**	**1463**	**1766**	**5422**	**281**
合资经营企业（港或澳、台资）	2138	835	645	2002	136
合作经营企业（港或澳、台资）	0	0	0	0	0
港、澳、台商独资经营企业	3133	532	940	2998	135
港、澳、台商投资股份有限公司	432	96	181	422	10
其他港、澳、台投资企业	0	0	0	0	0
外商投资企业	**11861**	**3197**	**4625**	**11058**	**803**
中外合资经营企业	3178	1069	1221	2924	254
中外合作经营企业	22	4	10	16	6
外资企业	7018	1554	3064	6571	447
外商投资股份有限公司	1413	517	264	1354	59
其他外商投资企业	230	53	66	193	37
四、按国民经济行业分					
采矿业	**4343**	**796**	**2035**	**4100**	**243**
石油和天然气开采业	943	238	531	887	56
煤炭开采和洗选业与黑色金属矿采选业	15	0	4	13	2
非金属矿采选业	470	131	190	444	26
开采专业及辅助性活动	2915	427	1310	2756	159
其他采矿业	0	0	0	0	0
制造业	**71183**	**17582**	**23820**	**66224**	**4959**
农副食品加工业	612	148	183	573	39
食品制造业	1395	503	343	1261	134

R&D 人员情况（2022 年）

按工作量分		R&D 人员折合全时当量（人年）	# 研究人员	按活动类型分		
全时人员	非全时人员			基础研究	应用研究	试验发展
53524	**23142**	**51110**	**17567**	**134**	**1544**	**49431**
18702	10311	19591	7135	4	1005	18583
14992	5174	13311	4688	11	308	12992
18970	7323	17280	5314	59	231	16990
860	334	928	430	62	0	866
4239	2611	3454	1737	62	386	3007
7909	3755	7867	2920	4	256	7608
41376	16776	39788	12910	69	903	38816
41498	**17604**	**39326**	**13207**	**93**	**1286**	**37947**
378	107	234	102	17	10	207
40	5	42	6	0	0	42
22	9	23	5	0	0	23
17933	8408	17431	6238	72	940	16419
7282	2140	6424	2772	4	180	6240
15843	6935	15172	4086	0	157	15016
3846	**1857**	**3978**	**1246**	**0**	**40**	**3938**
1517	621	1417	417	0	9	1409
0	0	0	0	0	0	0
2016	1117	2226	696	0	31	2195
313	119	335	132	0	0	335
0	0	0	0	0	0	0
8180	**3681**	**7805**	**3114**	**41**	**218**	**7546**
2066	1112	1975	752	6	39	1930
0	22	14	7	0	0	14
4762	2256	4735	2150	35	167	4533
1145	268	904	158	0	12	892
207	23	177	48	0	1	176
2077	**2266**	**1853**	**884**	**0**	**284**	**1569**
689	254	600	337	0	163	437
13	2	11	3	0	0	11
146	324	356	145	0	0	356
1229	1686	885	400	0	121	765
0	0	0	0	0	0	0
50787	**20396**	**48579**	**16393**	**134**	**1242**	**47204**
423	189	493	149	0	2	491
819	576	727	180	6	36	685

项　目	R&D 人员（人）	# 女性	# 研究人员	按工作性质分	
				项目研究开发人员	管理和服务人员
酒、饮料和精制茶制造业	405	163	146	377	28
烟草制品业和纺织业	384	203	48	362	22
纺织服装、服饰业	7	3	1	7	0
皮革、毛皮、羽毛及其制品和制鞋业	219	147	10	209	10
木材加工和木、竹、藤、棕、草制品业	29	9	9	28	1
家具制造业	926	294	177	841	85
造纸和纸制品业	833	200	157	797	36
印刷和记录媒介复制业	615	181	132	560	55
文教、工美、体育和娱乐用品制造业	665	172	128	635	30
石油、煤炭及其他燃料加工业	260	102	104	228	32
化学原料和化学制品制造业	4298	1210	1519	4094	204
医药制造业	6578	2842	3368	6014	564
化学纤维制造业	33	1	19	23	10
橡胶和塑料制品业	2539	590	590	2356	183
非金属矿物制品业	2166	352	542	2052	114
黑色金属冶炼和压延加工业	4491	377	938	4238	253
有色金属冶炼和压延加工业	766	111	192	727	39
金属制品业	4310	735	790	4046	264
通用设备制造业	5821	1130	2203	5355	466
专用设备制造业	6741	1339	2605	6182	559
汽车制造业	4561	810	1417	4177	384
铁路、船舶、航空航天和其他运输设备制造业	4343	1080	1228	4111	232
电气机械和器材制造业	4507	1070	1522	4176	331
计算机、通信和其他电子设备制造业	11600	3436	4724	10830	770
仪器仪表制造业	1348	296	565	1266	82
其他制造业	102	28	29	97	5
废弃资源综合利用业	159	36	35	148	11
金属制品、机械和设备修理业	470	14	96	454	16
电力、热力、燃气及水生产和供应业	**1140**	**253**	**507**	**1061**	**79**
电力、热力生产和供应业	591	146	318	559	32
燃气生产和供应业	51	7	17	37	14
水的生产和供应业	498	100	172	465	33
五、按企业控股情况分					
国有控股	17991	4104	8176	16677	1314
集体控股	371	89	119	356	15
私人控股	41223	9851	11836	38255	2968
港、澳、台商控股	4451	987	1275	4244	207
外商控股	11995	3317	4704	11241	754
其他	635	283	252	612	23

续表

按工作量分		R&D 人员折合全时当量（人年）	# 研究人员	按活动类型分		
全时人员	非全时人员			基础研究	应用研究	试验发展
233	172	184	74	35	14	135
194	190	252	30	0	0	252
6	1	6	1	0	0	6
126	93	141	8	0	0	141
24	5	22	7	0	0	22
656	270	664	131	0	0	664
698	135	543	94	0	0	543
428	187	426	95	0	0	426
435	230	471	94	0	0	471
141	119	143	53	0	0	143
2859	1439	3260	1162	0	172	3088
5343	1235	4852	2526	11	35	4807
30	3	9	5	0	0	9
1766	773	1714	395	0	72	1642
1527	639	1365	346	0	0	1365
2057	2434	3008	590	0	185	2822
496	270	585	152	0	0	585
2913	1397	3056	544	0	12	3044
4478	1343	3519	1303	0	96	3423
5307	1434	4498	1739	17	212	4269
3323	1238	3233	1012	0	3	3230
3001	1342	3144	945	62	4	3079
3380	1127	3064	1016	0	108	2956
8714	2886	7833	3280	4	286	7544
1079	269	794	332	0	0	794
76	26	79	21	0	0	79
123	36	100	22	0	1	99
132	338	395	86	0	4	391
660	**480**	**678**	**290**	**0**	**19**	**658**
411	180	394	213	0	19	375
41	10	21	9	0	0	21
208	290	263	68	0	0	263
11465	6526	11218	5135	82	628	10509
297	74	304	109			304
29546	11677	27917	7999	11	709	27197
2954	1497	3243	964		31	3212
8767	3228	7978	3181	41	177	7760
495	140	450	179			450

表 3-4　规模以上工业企业

项　目	R&D 经费内部支出	按活动类型分		
		基础研究	应用研究	试验发展
合计	**2845710**	**27519**	**66532**	**2751659**
一、按企业规模分				
大型	1301202	23767	49750	1227686
中型	736986	504	8850	727633
小型	764129	1352	7932	754845
微型	43392	1897	0	41495
二、按隶属关系分				
中央	244707	1897	25690	217120
地方	613672	306	12136	601230
其他	1987331	25317	28706	1933309
三、按登记注册类型分				
内资企业	**2253409**	**3334**	**59927**	**2190148**
国有企业	20006	496	651	18859
集体企业	331	0	0	331
股份合作企业和联营企业	557	0	0	557
有限责任公司	1028134	2346	35306	990483
股份有限公司	440504	130	18544	421830
私营企业和其他企业	763877	362	5426	758089
港、澳、台商投资企业	**176458**	**10757**	**304**	**165398**
合资经营企业（港或澳、台资）	54237	0	221	54016
合作经营企业（港或澳、台资）	0	0	0	0
港、澳、台商独资经营企业	107093	10757	83	96253
港、澳、台商投资股份有限公司	15129	0	0	15129
其他港、澳、台投资企业	0	0	0	0
外商投资企业	**415843**	**13429**	**6301**	**396113**
中外合资经营企业	130257	131	713	129414
中外合作经营企业	258	0	0	258
外资企业	199784	13298	5386	181100
外商投资股份有限公司	73713	0	159	73554
其他外商投资企业	11831	0	44	11786
四、按国民经济行业分				
采矿业	**147615**	**0**	**22102**	**125514**
石油和天然气开采业	51596	0	17378	34218
煤炭开采和洗选业与黑色金属矿采选业	159	0	0	159
非金属矿采选业	13327	0	0	13327
开采专业及辅助性活动	82533	0	4723	77810
其他采矿业	0	0	0	0
制造业	**2649488**	**27519**	**43341**	**2578628**
农副食品加工业	22095	0	23	22072
食品制造业	27516	60	908	26547

R&D 经费情况（2022 年）

单位：万元

按支出用途分				
经常费支出	# 人员劳务费	资产性支出	土地与建筑物	仪器和设备
2662527	**888624**	**183183**	**2334**	**180849**
1216626	345156	84577	825	83752
678146	258308	58840	1122	57718
726822	274067	37308	385	36923
40934	11094	2458	3	2456
228644	75038	16063	133	15930
580910	133065	32761	74	32687
1852973	680520	134358	2127	132232
2123919	**671165**	**129490**	**2055**	**127436**
18869	4361	1137	4	1133
331	217	0	0	0
557	128	0	0	0
978318	287931	49817	921	48896
392525	154116	47979	262	47716
733319	224413	30559	868	29691
164592	**75700**	**11866**	**44**	**11823**
48519	25339	5718	7	5711
0	0	0	0	0
100945	43496	6148	36	6112
15128	6866	1	1	0
0	0	0	0	0
374017	**141759**	**41826**	**235**	**41591**
127197	33813	3061	3	3058
258	92	0	0	0
171459	87812	28325	232	28093
63279	17492	10434	0	10434
11824	2550	6	0	6
141773	**36830**	**5842**	**110**	**5733**
51473	19050	123	0	123
159	123	0	0	0
13147	5119	180	0	180
76994	12537	5539	110	5430
0	0	0	0	0
2477787	**830561**	**171702**	**2214**	**169488**
22032	8070	63	3	61
27379	9498	136	0	136

项　目	R&D 经费内部支出	按活动类型分		
		基础研究	应用研究	试验发展
酒、饮料和精制茶制造业	6293	418	353	5522
烟草制品业和纺织业	6046	0	0	6046
纺织服装、服饰业	99	0	0	99
皮革、毛皮、羽毛及其制品和制鞋业	2255	0	0	2255
木材加工和木、竹、藤、棕、草制品业	911	0	0	911
家具制造业	10375	0	0	10375
造纸和纸制品业	35782	0	0	35782
印刷和记录媒介复制业	9391	0	0	9391
文教、工美、体育和娱乐用品制造业	10175	0	0	10175
石油、煤炭及其他燃料加工业	6856	0	0	6856
化学原料和化学制品制造业	192460	71	10813	181575
医药制造业	246924	13125	616	233183
化学纤维制造业	307	0	0	307
橡胶和塑料制品业	69560	175	1806	67579
非金属矿物制品业	75860	0	0	75860
黑色金属冶炼和压延加工业	364389	0	10978	353412
有色金属冶炼和压延加工业	63039	0	0	63039
金属制品业	150185	0	250	149934
通用设备制造业	174457	0	2979	171478
专用设备制造业	212990	496	5374	207120
汽车制造业	140237	362	104	139771
铁路、船舶、航空航天和其他运输设备制造业	106284	1925	82	104278
电气机械和器材制造业	162837	0	3340	159497
计算机、通信和其他电子设备制造业	514782	10887	5214	498681
仪器仪表制造业	24315	0	0	24315
其他制造业	1554	0	0	1554
废弃资源综合利用业	4699	0	321	4378
金属制品、机械和设备修理业	6818	0	180	6639
电力、热力、燃气及水生产和供应业	**48607**	**0**	**1089**	**47517**
电力、热力生产和供应业	38691	0	1089	37602
燃气生产和供应业	810	0	0	810
水的生产和供应业	9106	0	0	9106
五、按企业控股情况分				
国有控股	751493	2524	37503	711466
集体控股	24496	0	0	24496
私人控股	1479723	882	23468	1455374
港、澳、台商控股	135684	10757	83	124844
外商控股	436250	13358	5478	417414
其他	18065	0	0	18065

续表

按支出用途分				
经常费支出	# 人员劳务费	资产性支出	土地与建筑物	仪器和设备
6186	2626	107	0	107
5992	2431	54	0	54
99	87	0	0	0
2253	871	2	0	1
911	158	0	0	0
10364	6170	11	0	11
35719	9710	62	0	62
9080	4290	311	15	296
9557	3948	618	0	618
4803	1227	2053	21	2032
186086	61215	6373	84	6289
218927	73412	27997	734	27263
295	120	12	0	12
61997	22436	7564	141	7422
68717	21924	7143	30	7113
356845	28779	7544	39	7506
62779	4805	260	0	260
140924	37208	9261	10	9251
164072	80517	10385	178	10207
195719	93873	17270	440	16830
134930	48384	5307	40	5267
102156	42816	4128	262	3866
150205	50771	12632	27	12605
463277	192081	51505	189	51317
23524	14941	790	2	788
1553	819	0	0	0
4699	1686	0	0	0
6706	5691	113	0	113
42968	**21233**	**5639**	**11**	**5628**
33769	14931	4922	6	4916
810	404	0	0	0
8389	5899	717	5	712
696239	235239	55254	360	54894
24496	12677	0	0	0
1406965	412927	72758	1145	71613
129419	58766	6265	36	6228
388038	160339	48212	790	47421
17370	8676	695	2	693

表 3-4　规模以上工业企业

项　目	按资金来源分			
	政府资金	企业资金	境外资金	其他资金
合计	**32366**	**2781757**	**7393**	**24195**
一、按企业规模分				
大型	9476	1261016	6892	23818
中型	15548	721285	139	15
小型	4536	758884	362	347
微型	2806	40571	0	16
二、按隶属关系分				
中央	16543	228057	0	108
地方	9013	604521	120	18
其他	6809	1949179	7273	24070
三、按登记注册类型分				
内资企业	**28570**	**2200401**	**258**	**24181**
国有企业	890	19116	0	0
集体企业	0	331	0	0
股份合作企业和联营企业	0	557	0	0
有限责任公司	18656	985306	139	24034
股份有限公司	6912	433417	120	56
私营企业和其他企业	2113	761674	0	91
港、澳、台商投资企业	**151**	**170252**	**6055**	**0**
合资经营企业（港或澳、台资）	145	54092	0	0
合作经营企业（港或澳、台资）	0	0	0	0
港、澳、台商独资经营企业	0	101038	6055	0
港、澳、台商投资股份有限公司	6	15123	0	0
其他港、澳、台投资企业	0	0	0	0
外商投资企业	**3645**	**411104**	**1080**	**14**
中外合资经营企业	3038	127105	100	14
中外合作经营企业	0	258	0	0
外资企业	148	198663	972	0
外商投资股份有限公司	459	73254	0	0
其他外商投资企业	0	11824	7	0
四、按国民经济行业分				
采矿业	**364**	**147251**	**0**	**0**
石油和天然气开采业	41	51555	0	0
煤炭开采和洗选业与黑色金属矿采选业	0	159	0	0
非金属矿采选业	303	13024	0	0
开采专业及辅助性活动	21	82512	0	0
其他采矿业	0	0	0	0
制造业	**30937**	**2586963**	**7393**	**24195**
农副食品加工业	11	22084	0	0
食品制造业	241	27275	0	0
酒、饮料和精制茶制造业	0	6293	0	0

R&D 经费情况（2022 年）（续）

单位：万元

R&D 经费外部支出				
	对境内研究机构支出	对境内高等学校支出	对境内企业支出	对境外支出
216692	**17772**	**15939**	**110226**	**72755**
168749	4177	11559	86426	66587
18551	2020	2239	11939	2354
29151	11575	1993	11770	3814
240	0	148	92	0
18955	1648	7487	9820	0
26438	3191	1509	21618	120
171299	12933	6943	78788	72635
154508	**16720**	**11487**	**59164**	**67138**
99	0	21	78	0
0	0	0	0	0
0	0	0	0	0
96041	3944	8541	16738	66818
41136	8882	1827	30428	0
17233	3894	1098	11920	320
18215	**470**	**4126**	**9854**	**3765**
1169	0	1028	130	11
0	0	0	0	0
17046	470	3098	9724	3754
0	0	0	0	0
0	0	0	0	0
43968	**583**	**326**	**41208**	**1852**
2067	238	157	1349	324
0	0	0	0	0
39983	0	5	39859	118
1919	345	164	0	1410
0	0	0	0	0
18068	**890**	**4288**	**12890**	**0**
9126	470	3098	5558	0
0	0	0	0	0
474	0	24	450	0
8469	420	1166	6883	0
0	0	0	0	0
189778	**15971**	**5539**	**95513**	**72755**
54	0	0	54	0
1013	90	325	599	0
20	0	20	0	0

项　目	按资金来源分			
	政府资金	企业资金	境外资金	其他资金
烟草制品业和纺织业	0	6046	0	0
纺织服装、服饰业	0	99	0	0
皮革、毛皮、羽毛及其制品和制鞋业	0	2255	0	0
木材加工和木、竹、藤、棕、草制品业	0	911	0	0
家具制造业	0	10375	0	0
造纸和纸制品业	0	35782	0	0
印刷和记录媒介复制业	0	9391	0	0
文教、工美、体育和娱乐用品制造业	0	10175	0	0
石油、煤炭及其他燃料加工业	0	6856	0	0
化学原料和化学制品制造业	175	192111	100	73
医药制造业	4679	242244	0	2
化学纤维制造业	74	234	0	0
橡胶和塑料制品业	165	69395	0	0
非金属矿物制品业	0	75860	0	0
黑色金属冶炼和压延加工业	93	364296	0	0
有色金属冶炼和压延加工业	398	62641	0	0
金属制品业	70	150026	0	89
通用设备制造业	3121	171261	0	75
专用设备制造业	13193	198904	837	56
汽车制造业	739	139240	258	0
铁路、船舶、航空航天和其他运输设备制造业	3586	102663	36	0
电气机械和器材制造业	1477	161276	17	67
计算机、通信和其他电子设备制造业	2744	482066	6138	23834
仪器仪表制造业	172	24142	0	0
其他制造业	0	1554	0	0
废弃资源综合利用业	0	4699	0	0
金属制品、机械和设备修理业	0	6811	7	0
电力、热力、燃气及水生产和供应业	**1064**	**47543**	**0**	**0**
电力、热力生产和供应业	1040	37651	0	0
燃气生产和供应业	0	810	0	0
水的生产和供应业	24	9082	0	0
五、按企业控股情况分				
国有控股	23331	727822	127	215
集体控股	0	24496	0	0
私人控股	5841	1473580	139	163
港、澳、台商控股	0	129629	6055	0
外商控股	3188	408171	1073	23818
其他	6	18059	0	0

续表

R&D 经费外部支出	对境内研究机构支出	对境内高等学校支出	对境内企业支出	对境外支出
0	0	0	0	0
0	0	0	0	0
1	0	0	1	0
2	0	2	0	0
0	0	0	0	0
28	0	0	28	0
6	0	0	6	0
18	0	0	18	0
54	0	0	54	0
9487	2633	1417	4843	594
15401	3480	1881	10040	0
0	0	0	0	0
541	21	3	518	0
252	0	128	124	0
419	272	16	131	0
3	0	3	0	0
174	90	6	78	0
2191	72	226	1891	2
9457	1076	225	3465	4690
18790	0	5	17865	920
7429	35	144	7228	22
1655	241	54	1360	0
121627	7959	905	46300	66463
670	0	178	428	64
0	0	0	0	0
481	0	0	481	0
3	3	0	0	0
8845	**911**	**6112**	**1823**	**0**
8807	911	6082	1815	0
0	0	0	0	0
38	0	30	8	0
50537	3587	8542	37585	824
7211	7185	0	26	0
25560	5178	3235	16613	535
17297	470	3349	9724	3754
111277	345	121	43170	67642
4809	1008	692	3109	0

表 3–5 规模以上工业企业办科技机构情况（2022 年）

项　目	机构数（个）	机构人员（人）	#博士毕业	#硕士毕业	机构经费支出（万元）	仪器和设备原价（万元）
合计	**643**	**42608**	**705**	**7661**	**1823746**	**1342942**
一、按企业规模分						
大型	76	17465	309	3994	859508	520077
中型	202	13597	208	2048	544023	488345
小型	353	10753	180	1220	392401	302274
微型	12	793	8	399	27815	32247
二、按隶属关系分						
中央	39	5017	98	1929	166338	183663
地方	87	7616	138	1329	411587	273260
其他	517	29975	469	4403	1245821	886020
三、按登记注册类型分						
内资企业	**535**	**35114**	**553**	**5893**	**1528265**	**1037107**
国有企业	8	470	5	220	12396	31252
集体企业	1	43	0	0	364	833
股份合作企业和联营企业	1	36	0	1	611	113
有限责任公司	192	14613	272	2364	713188	477860
股份有限公司	95	9850	156	2468	414766	243612
私营企业和其他企业	238	10102	120	840	386941	283436
港、澳、台商投资企业	**39**	**3320**	**78**	**1021**	**96436**	**109837**
合资经营企业（港或澳、台资）	23	1074	29	131	31916	23426
合作经营企业（港或澳、台资）	1	6	0	0	56	80
港、澳、台商独资经营企业	13	2209	47	882	62936	84454
港、澳、台商投资股份有限公司	1	17	2	7	1300	1587
其他港、澳、台投资企业	1	14	0	1	228	290
外商投资企业	**69**	**4174**	**74**	**747**	**199045**	**195998**
中外合资经营企业	21	1121	19	194	34986	34703
中外合作经营企业	0	0	0	0	0	0
外资企业	40	2492	35	420	105376	117721
外商投资股份有限公司	7	454	20	133	56359	28836
其他外商投资企业	1	107	0	0	2324	14739
四、按国民经济行业分						
采矿业	**8**	**2543**	**75**	**1183**	**77728**	**61880**
石油和天然气开采业	4	1983	61	1081	53233	25993
煤炭开采和洗选业与黑色金属矿采选业	0	0	0	0	0	0
非金属矿采选业	3	150	0	34	5382	8258
开采专业及辅助性活动	1	410	14	68	19114	27628
其他采矿业	0	0	0	0	0	0
制造业	**630**	**39708**	**615**	**6386**	**1722815**	**1248834**
农副食品加工业	10	292	4	27	5033	4349
食品制造业	14	538	15	54	12337	37998
酒、饮料和精制茶制造业	5	282	22	31	3018	9863

续表

项　目	机构数（个）	机构人员（人）	# 博士毕业	# 硕士毕业	机构经费支出（万元）	仪器和设备原价（万元）
烟草制品业和纺织业	1	30	0	3	1565	1231
纺织服装、服饰业	0	0	0	0	0	0
皮革、毛皮、羽毛及其制品和制鞋业	2	65	1	1	1129	1035
木材加工和木、竹、藤、棕、草制品业	0	0	0	0	0	0
家具制造业	2	585	0	0	9485	3897
造纸和纸制品业	7	598	2	3	30730	45986
印刷和记录媒介复制业	3	175	0	5	3021	16000
文教、工美、体育和娱乐用品制造业	10	348	2	25	6974	7626
石油、煤炭及其他燃料加工业	7	767	6	398	7075	10161
化学原料和化学制品制造业	60	2268	51	371	103431	44532
医药制造业	57	3345	129	908	133985	85287
化学纤维制造业	0	0	0	0	0	0
橡胶和塑料制品业	32	1531	8	60	43129	68844
非金属矿物制品业	22	1087	5	70	36263	28000
黑色金属冶炼和压延加工业	18	1994	40	134	108395	115644
有色金属冶炼和压延加工业	9	341	9	51	12119	14556
金属制品业	41	2498	28	80	115845	129951
通用设备制造业	54	2491	22	283	83568	68178
专用设备制造业	93	4257	44	655	140849	145999
汽车制造业	44	1695	12	97	55084	60152
铁路、船舶、航空航天和其他运输设备制造业	22	1496	11	608	63017	65738
电气机械和器材制造业	42	3860	73	842	157169	81376
计算机、通信和其他电子设备制造业	53	8345	106	1552	575641	183728
仪器仪表制造业	22	820	25	128	13955	18704
其他制造业	0	0	0	0	0	0
废弃资源综合利用业	0	0	0	0	0	0
金属制品、机械和设备修理业	0	0	0	0	0	0
电力、热力、燃气及水生产和供应业	**5**	**357**	**15**	**92**	**23203**	**32229**
电力、热力生产和供应业	1	148	13	72	12817	22063
燃气生产和供应业	2	180	0	11	8862	8262
水的生产和供应业	2	29	2	9	1524	1904
五、按企业控股情况分						
国有控股	119	11637	198	3502	482534	396175
集体控股	9	335	4	77	32543	31574
私人控股	442	21851	395	2429	888778	623097
港、澳、台商控股	19	2482	47	902	69791	93626
外商控股	50	5688	41	665	325570	167717
其他	4	615	20	86	24531	30754

表 3-6　规模以上工业企业自主知识产权及相关情况（2022 年）

项　目	专利申请数（件）	# 发明专利	有效发明专利数（件）	发表科技论文数（篇）	拥有注册商标数（件）	形成国家或行业标准数（项）
合计	**18488**	**6294**	**28517**	**2103**	**15635**	**460**
一、按企业规模分						
大型	3553	2150	6512	1113	2062	136
中型	4396	1615	6176	500	4990	138
小型	10006	2388	14950	468	8485	183
微型	533	141	879	22	98	3
二、按隶属关系分						
中央	1723	1361	3717	779	182	69
地方	2236	777	3941	419	3579	74
其他	14529	4156	20859	905	11874	317
三、按登记注册类型分						
内资企业	**15580**	**5378**	**24563**	**1830**	**13475**	**387**
国有企业	170	69	258	101	14	5
集体企业	23	0	3	0	1	0
股份合作企业和联营企业	16	1	76	0	19	0
有限责任公司	5765	2593	8923	1096	3928	192
股份有限公司	2276	1188	5216	449	3130	82
私营企业和其他企业	7330	1527	10087	184	6383	108
港、澳、台商投资企业	**792**	**224**	**1518**	**221**	**619**	**57**
合资经营企业（港或澳、台资）	306	85	787	29	253	48
合作经营企业（港或澳、台资）	0	0	0	0	27	0
港、澳、台商独资经营企业	378	120	630	188	112	5
港、澳、台商投资股份有限公司	108	19	100	4	225	4
其他港、澳、台投资企业	0	0	1	0	2	0
外商投资企业	**2116**	**692**	**2436**	**52**	**1541**	**16**
中外合资经营企业	1012	332	992	32	943	4
中外合作经营企业	15	0	0	0	0	0
外资企业	886	260	1067	15	462	12
外商投资股份有限公司	196	98	375	5	136	0
其他外商投资企业	7	2	2	0	0	0
四、按国民经济行业分						
采矿业	**615**	**434**	**1269**	**574**	**113**	**40**
石油和天然气开采业	294	227	582	307	0	37
煤炭开采和洗选业与黑色金属矿采选业	18	2	20	0	0	0
非金属矿采选业	53	20	31	22	107	0
开采专业及辅助性活动	250	185	636	245	6	3
其他采矿业	0	0	0	0	0	0
制造业	**16972**	**5238**	**25709**	**1259**	**15517**	**405**
农副食品加工业	218	31	225	7	383	6
食品制造业	192	68	362	14	1590	2
酒、饮料和精制茶制造业	82	30	94	9	526	1

续表

项　目	专利申请数（件）	# 发明专利	有效发明专利数（件）	发表科技论文数（篇）	拥有注册商标数（件）	形成国家或行业标准数（项）
烟草制品业和纺织业	66	7	146	1	13	0
纺织服装、服饰业	7	5	29	0	0	0
皮革、毛皮、羽毛及其制品和制鞋业	16	2	144	3	44	0
木材加工和木、竹、藤、棕、草制品业	15	3	83	0	5	0
家具制造业	109	1	197	0	22	0
造纸和纸制品业	194	25	223	0	253	5
印刷和记录媒介复制业	94	21	99	0	41	4
文教、工美、体育和娱乐用品制造业	170	31	130	0	334	1
石油、煤炭及其他燃料加工业	102	76	302	49	69	5
化学原料和化学制品制造业	810	324	1637	119	2910	26
医药制造业	712	294	2393	183	2426	36
化学纤维制造业	2	2	35	0	0	0
橡胶和塑料制品业	681	132	1081	13	296	9
非金属矿物制品业	652	124	715	23	224	14
黑色金属冶炼和压延加工业	634	130	564	119	390	16
有色金属冶炼和压延加工业	128	33	243	27	7	28
金属制品业	966	145	1646	8	406	15
通用设备制造业	1908	421	2631	81	1338	59
专用设备制造业	2449	730	3277	194	1639	37
汽车制造业	1090	219	1343	11	118	8
铁路、船舶、航空航天和其他运输设备制造业	1049	325	1220	130	298	2
电气机械和器材制造业	1658	526	2002	149	634	26
计算机、通信和其他电子设备制造业	2300	1386	4138	90	1169	52
仪器仪表制造业	444	110	582	24	366	50
其他制造业	65	8	76	0	11	3
废弃资源综合利用业	76	14	13	0	5	0
金属制品、机械和设备修理业	83	15	79	5	0	0
电力、热力、燃气及水生产和供应业	**901**	**622**	**1539**	**270**	**5**	**15**
电力、热力生产和供应业	806	610	1505	253	0	15
燃气生产和供应业	19	2	10	4	0	0
水的生产和供应业	76	10	24	13	5	0
五、按企业控股情况分						
国有控股	4167	2465	7354	1261	2289	143
集体控股	273	207	360		65	2
私人控股	11979	2863	17115	604	11428	280
港、澳、台商控股	563	166	1003	191	453	16
外商控股	1438	557	2365	18	952	12
其他	68	36	320	29	448	7

表 3-7 规模以上工业企业新产品开发、生产及销售情况（2022 年）

项 目	新产品开发项目数（项）	新产品开发经费支出（万元）	新产品销售收入（万元）	# 出口
合计	**16711**	**3173750**	**48684233**	**7268584**
一、按企业规模分				
大型	2482	1246084	27409931	4827189
中型	3725	891120	11288279	1616713
小型	10065	989217	9714034	817109
微型	439	47329	271989	7573
二、按隶属关系分				
中央	1021	324877	2728647	83587
地方	2367	621215	7408547	806698
其他	13323	2227658	38547039	6378299
三、按登记注册类型分				
内资企业	**13971**	**2466522**	**34807516**	**4480237**
国有企业	189	26630	431133	729
集体企业	8	488	16609	0
股份合作企业和联营企业	7	1368	11751	0
有限责任公司	4454	973719	16275039	2674782
股份有限公司	2233	580299	5610493	777903
私营企业和其他企业	7080	884019	12462491	1026823
港、澳、台商投资企业	**933**	**183692**	**2848014**	**885885**
合资经营企业（港或澳、台资）	506	67895	961034	222147
合作经营企业（港或澳、台资）	1	55	19	19
港、澳、台商独资经营企业	379	105011	1709581	663384
港、澳、台商投资股份有限公司	38	10402	170943	0
其他港、澳、台投资企业	9	329	6437	336
外商投资企业	**1807**	**523536**	**11028703**	**1902461**
中外合资经营企业	574	151467	7596892	1118002
中外合作经营企业	5	258	0	0
外资企业	1029	278645	2650206	618953
外商投资股份有限公司	176	81380	489745	144973
其他外商投资企业	23	11786	291860	20533
四、按国民经济行业分				
采矿业	**358**	**90550**	**1536098**	**2732**
石油和天然气开采业	75	35825	0	0
煤炭开采和洗选业与黑色金属矿采选业	0	0	0	0
非金属矿采选业	69	12786	211942	2732
开采专业及辅助性活动	214	41939	1324156	0
其他采矿业	0	0	0	0
制造业	**16192**	**3051221**	**46868620**	**7265851**
农副食品加工业	194	28707	326393	4166
食品制造业	367	31434	211515	79594
酒、饮料和精制茶制造业	86	7614	137639	1151

续表

项　目	新产品开发项目数（项）	新产品开发经费支出（万元）	新产品销售收入（万元）	
				#出口
烟草制品业和纺织业	86	6937	134959	41547
纺织服装、服饰业	13	906	12111	0
皮革、毛皮、羽毛及其制品和制鞋业	28	2451	38951	15953
木材加工和木、竹、藤、棕、草制品业	15	1216	16058	0
家具制造业	163	14702	235606	29189
造纸和纸制品业	174	38413	429685	59827
印刷和记录媒介复制业	115	11846	144372	24
文教、工美、体育和娱乐用品制造业	126	12682	109084	57655
石油、煤炭及其他燃料加工业	143	114922	309851	0
化学原料和化学制品制造业	1004	151606	3612165	497710
医药制造业	1129	280124	2181198	372203
化学纤维制造业	4	307	0	0
橡胶和塑料制品业	701	89337	984571	91316
非金属矿物制品业	431	78616	1105689	59606
黑色金属冶炼和压延加工业	523	292497	5402232	376495
有色金属冶炼和压延加工业	152	63982	704847	110052
金属制品业	1104	180429	2330506	263363
通用设备制造业	1796	210963	2181328	217444
专用设备制造业	2154	265395	2733874	567408
汽车制造业	1032	175413	7725076	338347
铁路、船舶、航空航天和其他运输设备制造业	917	138753	2284422	176197
电气机械和器材制造业	1322	264182	4198749	264097
计算机、通信和其他电子设备制造业	1538	531481	8968869	3606490
仪器仪表制造业	687	41307	290418	24196
其他制造业	62	2994	24316	4380
废弃资源综合利用业	74	6038	12769	0
金属制品、机械和设备修理业	52	5968	21368	7442
电力、热力、燃气及水生产和供应业	**161**	**31979**	**279515**	**0**
电力、热力生产和供应业	114	24409	4553	0
燃气生产和供应业	19	2899	265822	0
水的生产和供应业	28	4671	9139	0
五、按企业控股情况分				
国有控股	3078	782603	15417793	710796
集体控股	66	26383	117474	2971
私人控股	11319	1647567	23546150	2352885
港、澳、台商控股	632	131689	2286481	718096
外商控股	1462	568936	7055571	3483837
其他	154	16572	260764	0

表 3–8　规模以上工业企业政府相关政策落实情况（2022 年）

单位：万元

项　目	来自政府部门的研发资金	研究开发费用加计扣除减免税	高新技术企业减免税
合计	**2163924**	**426089**	**280554**
一、按企业规模分			
大型	911569	254121	101992
中型	546619	72460	95466
小型	677744	95682	81890
微型	27992	3825	1205
二、按隶属关系分			
中央	144809	19027	3637
地方	424347	147597	74494
其他	1594768	259465	202422
三、按登记注册类型分			
内资企业	**1585748**	**226724**	**175503**
国有企业	10970	1418	584
集体企业	0	0	0
股份合作企业和联营企业	909	0	141
有限责任公司	626671	103117	70168
股份有限公司	333758	43139	44746
私营企业和其他企业	613441	79049	59864
港、澳、台商投资企业	**186908**	**37558**	**38963**
合资经营企业（港或澳、台资）	49695	12970	5690
合作经营企业（港或澳、台资）	0	0	0
港、澳、台商独资经营企业	126021	23341	10197
港、澳、台商投资股份有限公司	11019	1204	23062
其他港、澳、台投资企业	173	43	14
外商投资企业	**391267**	**161807**	**66088**
中外合资经营企业	137359	92364	16595
中外合作经营企业	0	0	0
外资企业	185927	55272	38123
外商投资股份有限公司	55863	13832	11167
其他外商投资企业	12118	339	204
四、按国民经济行业分			
采矿业	**120591**	**17692**	**338**
石油和天然气开采业	67080	10606	0
煤炭开采和洗选业与黑色金属矿采选业	422	317	104
非金属矿采选业	15135	1933	0
开采专业及辅助性活动	37955	4836	234
其他采矿业	0	0	0
制造业	**2009486**	**402000**	**276467**
农副食品加工业	13284	1923	7000
食品制造业	17361	2819	1408
酒、饮料和精制茶制造业	4534	319	0

续表

项　目	来自政府部门的研发资金	研究开发费用加计扣除减免税	高新技术企业减免税
烟草制品业和纺织业	4287	418	920
纺织服装、服饰业	127	13	182
皮革、毛皮、羽毛及其制品和制鞋业	2115	105	80
木材加工和木、竹、藤、棕、草制品业	692	10	9
家具制造业	6102	918	1108
造纸和纸制品业	16012	5592	1225
印刷和记录媒介复制业	9021	1315	568
文教、工美、体育和娱乐用品制造业	10447	1543	441
石油、煤炭及其他燃料加工业	7822	1559	179
化学原料和化学制品制造业	110888	21387	17422
医药制造业	221483	118808	26048
化学纤维制造业	0	0	0
橡胶和塑料制品业	58077	9468	7814
非金属矿物制品业	57574	6485	11353
黑色金属冶炼和压延加工业	50230	19420	3600
有色金属冶炼和压延加工业	60537	8010	862
金属制品业	76418	13065	7175
通用设备制造业	131256	18526	30153
专用设备制造业	181288	22721	25990
汽车制造业	156407	28820	35037
铁路、船舶、航空航天和其他运输设备制造业	120330	20827	12236
电气机械和器材制造业	203507	20377	29226
计算机、通信和其他电子设备制造业	438746	71025	49945
仪器仪表制造业	41309	5711	5443
其他制造业	1282	41	16
废弃资源综合利用业	4572	400	358
金属制品、机械和设备修理业	3780	376	668
电力、热力、燃气及水生产和供应业	**33846**	**6397**	**3749**
电力、热力生产和供应业	23224	4311	1612
燃气生产和供应业	9371	1127	750
水的生产和供应业	1250	959	1388
五、按企业控股情况分			
国有控股	480451	73955	27778
集体控股	33458	231	57
私人控股	1071802	155747	162106
港、澳、台商控股	150985	26322	12729
外商控股	408685	166793	72422
其他	18543	3041	5461

表 3–9　规模以上工业企业技术获取和技术改造情况（2022 年）

单位：万元

项　目	技术改造经费支出	购买境内技术经费支出	引进境外技术经费支出
合计	**283354**	**18979**	**32229**
一、按企业规模分			
大型	207208	11754	20497
中型	55737	7005	11604
小型	17088	220	128
微型	3322	0	0
二、按隶属关系分			
中央	99440	0	0
地方	60180	10373	12407
其他	123734	8606	19822
三、按登记注册类型分			
内资企业	**270170**	**17970**	**657**
国有企业	2039	0	0
集体企业	0	0	0
股份合作企业和联营企业	293	0	0
有限责任公司	189945	14195	0
股份有限公司	69800	3668	657
私营企业和其他企业	8095	107	0
港、澳、台商投资企业	**4950**	**4**	**0**
合资经营企业（港或澳、台资）	915	4	0
合作经营企业（港或澳、台资）	0	0	0
港、澳、台商独资经营企业	4035	0	0
港、澳、台商投资股份有限公司	0	0	0
其他港、澳、台投资企业	0	0	0
外商投资企业	**8234**	**1006**	**31573**
中外合资经营企业	8081	1000	11750
中外合作经营企业	0	0	0
外资企业	153	6	19822
外商投资股份有限公司	0	0	0
其他外商投资企业	0	0	0
四、按国民经济行业分			
采矿业	**907**	**670**	**0**
石油和天然气开采业	0	0	0
煤炭开采和洗选业与黑色金属矿采选业	0	0	0
非金属矿采选业	881	670	0
开采专业及辅助性活动	26	0	0
其他采矿业	0	0	0
制造业	**239626**	**18309**	**32229**
农副食品加工业	1198	0	128
食品制造业	0	0	0
酒、饮料和精制茶制造业	754	0	0
烟草制品业和纺织业	36	0	0

续表

项　目	技术改造经费支出	购买境内技术经费支出	引进境外技术经费支出
纺织服装、服饰业	0	0	0
皮革、毛皮、羽毛及其制品和制鞋业	0	0	0
木材加工和木、竹、藤、棕、草制品业	0	0	0
家具制造业	0	0	0
造纸和纸制品业	572	0	0
印刷和记录媒介复制业	313	0	0
文教、工美、体育和娱乐用品制造业	344	9	0
石油、煤炭及其他燃料加工业	60884	0	0
化学原料和化学制品制造业	8349	732	0
医药制造业	8103	3846	803
化学纤维制造业	0	0	0
橡胶和塑料制品业	3240	574	657
非金属矿物制品业	2698	2698	0
黑色金属冶炼和压延加工业	126331	8970	0
有色金属冶炼和压延加工业	1547	62	0
金属制品业	7265	0	0
通用设备制造业	3482	5	19694
专用设备制造业	633	1378	0
汽车制造业	1362	0	0
铁路、船舶、航空航天和其他运输设备制造业	3975	6	0
电气机械和器材制造业	1604	30	10948
计算机、通信和其他电子设备制造业	5565	0	0
仪器仪表制造业	970	0	0
其他制造业	0	0	0
废弃资源综合利用业	322	0	0
金属制品、机械和设备修理业	80	0	0
电力、热力、燃气及水生产和供应业	**42822**	**0**	**0**
电力、热力生产和供应业	42822	0	0
燃气生产和供应业	0	0	0
水的生产和供应业	0	0	0
五、按企业控股情况分			
国有控股	127484	6429	0
集体控股	419	0	0
私人控股	143239	11544	657
港、澳、台商控股	4035	0	0
外商控股	8178	1006	31573
其他	0	0	0

2023天津科技统计年鉴

第四部分

建筑业企业

表 4-1　建筑业企业基本情况（2022 年）

项　目	企业单位数（个）	# 有 R&D 活动	# 有研发机构	从业人员期末人数（人）	主营业务收入（万元）	利润总额（万元）	资产总计（万元）
合计	**375**	**79**	**48**	**120195**	**39816219**	**860332**	**72070886**
一、按企业规模分							
大型	59	39	32	85214	35891146	853265	60961815
中型	149	31	15	25208	3490842	23402	9081449
小型	141	6	0	8574	433560	−14728	1545013
微型	26	3	1	1199	672	−1606	482609
二、按隶属关系分							
中央	55	34	28	80823	32434065	784487	52498979
地方	59	16	11	15993	3649608	35971	9824907
其他	261	29	9	23379	3732546	39874	9747000
三、按登记注册类型分							
内资企业	370	78	48	119509	39731073	858477	71840964
港、澳、台商投资企业	3	0	0	447	33841	−617	171711
外商投资企业	2	1	0	239	51306	2473	58211
四、按国民经济行业分							
房屋建筑业	89	17	13	35423	12972287	136546	21498738
土木工程建筑业	105	34	27	66455	23630574	704267	44534668
建筑安装业	95	20	7	13702	2344187	15994	2999511
建筑装饰、装修和其他建筑业	86	8	1	4615	869172	3526	3037969
五、按企业控股情况分							
国有控股	111	54	38	95358	35634800	833783	61714619
集体控股	9	1	1	1520	439956	3532	948327
私人控股	251	22	9	22363	3416256	19191	8477921
港澳台商控股、外商控股和其他	4	2	0	954	325208	3826	930019

注：本年鉴第四部分建筑业企业指辖区内有总承包或专业承包资质的建筑业法人单位。

表 4-2 建筑业企业

项 目	R&D 人员（人）	# 女性	# 研究人员	按工作性质分	
				项目研究开发人员	管理和服务人员
合计	**10512**	**1185**	**4761**	**9861**	**651**
一、按企业规模分					
大型	9416	937	4333	8861	555
中型	950	212	382	867	83
小型	100	26	31	89	11
微型	46	10	15	44	2
二、按隶属关系分					
中央	8564	846	3925	8134	430
地方	1193	160	532	1071	122
其他	755	179	304	656	99
三、按登记注册类型分					
内资企业	10470	1173	4747	9821	649
港、澳、台商投资企业	0	0	0	0	0
外商投资企业	42	12	14	40	2
四、按国民经济行业分					
房屋建筑业	3427	394	1462	3267	160
土木工程建筑业	5834	551	2814	5501	333
建筑安装业	1077	180	413	947	130
建筑装饰、装修和其他建筑业	174	60	72	146	28
五、按企业控股情况分					
国有控股	9841	1016	4502	9270	571
集体控股	41	4	9	37	4
私人控股	520	145	205	449	71
港澳台商控股、外商控股和其他	110	20	45	105	5

R&D 人员情况（2022 年）

按工作量分		R&D 人员折合全时当量（人年）	# 研究人员	按活动类型分		
全时人员	非全时人员			基础研究	应用研究	试验发展
6230	**4282**	**6837**	**3072**	**16**	**144**	**6677**
5489	3927	6068	2780	16	130	5922
641	309	668	259	0	4	664
62	38	69	22	0	0	69
38	8	33	11	0	10	23
5030	3534	5532	2520	16	140	5376
641	552	810	359	0	4	806
559	196	495	193	0	0	495
6204	4266	6801	3060	16	144	6642
0	0	0	0	0	0	0
26	16	36	12	0	0	36
2234	1193	2212	964	0	0	2212
3210	2624	3771	1787	16	144	3612
714	363	754	280	0	0	754
72	102	100	41	0	0	100
5760	4081	6404	2907	16	144	6244
8	33	13	3	0	0	13
392	128	326	124	0	0	326
70	40	94	38	0	0	94

表 4-3　建筑业企业

项　目	R&D 经费内部支出	按活动类型分			按支出用途分		
		基础研究	应用研究	试验发展	经常费支出	# 人员劳务费	资产性支出
合计	**754545**	**1708**	**18874**	**733963**	**747915**	**133462**	**6630**
一、按企业规模分							
大型	724253	1708	18269	704276	718430	121682	5823
中型	27449	0	63	27386	26736	10364	713
小型	1042	0	0	1042	1042	727	0
微型	1800	0	542	1259	1706	689	94
二、按隶属关系分							
中央	686528	1708	18810	666010	681569	111071	4959
地方	42442	0	60	42382	42246	16879	197
其他	25574	0	3	25571	24100	5512	1474
三、按登记注册类型分							
内资企业	753732	1708	18874	733150	747102	133096	6630
港、澳、台商投资企业	0	0	0	0	0	0	0
外商投资企业	813	0	0	813	813	366	0
四、按国民经济行业分							
房屋建筑业	231037	0	0	231037	230456	33244	582
土木工程建筑业	489272	1708	18874	468691	483323	85626	5950
建筑安装业	29841	0	0	29841	29743	13249	99
建筑装饰、装修和其他建筑业	4394	0	0	4394	4394	1343	0
五、按企业控股情况分							
国有控股	730505	1708	18870	709927	725247	128463	5258
集体控股	435	0	0	435	435	132	0
私人控股	13121	0	3	13118	12315	4296	806
港澳台商控股、外商控股和其他	10484	0	0	10484	9918	571	566

R&D 经费情况（2022 年）

单位：万元

土地与建筑物	仪器和设备	按资金来源分：政府资金	按资金来源分：企业资金	按资金来源分：其他资金	R&D 经费外部支出	对境内研究机构支出	对境内高等学校支出	对境内企业支出	对境外支出
144	**6486**	**7103**	**746952**	**490**	**9520**	**788**	**300**	**8410**	**22**
144	5679	6598	717165	490	9399	788	291	8304	16
0	713	505	26944	0	18	0	9	3	6
0	0	0	1042	0	0	0	0	0	0
0	94	0	1800	0	103	0	0	103	0
144	4815	6598	679440	490	9173	788	173	8196	16
0	197	400	42042	0	177	0	91	80	6
1	1474	105	25469	0	170	0	36	134	0
144	6486	7103	746139	490	9520	788	300	8410	22
0	0	0	0	0	0	0	0	0	0
0	0	0	813	0	0	0	0	0	0
0	582	0	231037	0	7	0	4	3	0
144	5806	6702	482081	490	9327	788	296	8221	22
0	98	402	29440	0	186	0	0	186	0
0	0	0	4394	0	0	0	0	0	0
144	5114	6998	723017	490	9410	788	296	8304	22
0	0	0	435	0	4	0	4	0	0
1	806	105	13016	0	106	0	0	106	0
0	566	0	10484	0	0	0	0	0	0

表 4-4　建筑业企业办科技机构情况（2022 年）

项　目	机构数（个）	机构人员合计（人）	# 博士毕业	# 硕士毕业	机构经费支出（万元）	仪器和设备原价（万元）
合计	**67**	**8413**	**122**	**849**	**452787**	**218714**
一、按企业规模分						
大型	49	7472	115	779	434457	205054
中型	17	881	2	63	16122	10979
小型	0	0	0	0	0	0
微型	1	60	5	7	2207	2682
二、按隶属关系分						
中央	32	6884	117	735	413309	184638
地方	25	1096	2	82	30278	24117
其他	10	433	3	32	9200	9959
三、按登记注册类型分						
内资企业	67	8413	122	849	452787	218714
港、澳、台商投资企业	0	0	0	0	0	0
外商投资企业	0	0	0	0	0	0
四、按国民经济行业分						
房屋建筑业	15	2521	52	154	148485	57765
土木工程建筑业	34	4565	68	645	266598	152873
建筑安装业	17	1327	2	50	37313	7848
建筑装饰、装修和其他建筑业	1	0	0	0	390	229
五、按企业控股情况分						
国有控股	55	7866	122	822	442813	214016
集体控股	1	91	0	4	1809	2016
私人控股	11	456	0	23	8165	2683
港澳台商控股、外商控股和其他	0	0	0	0	0	0

表 4-5　建筑业企业自主知识产权及相关情况（2022 年）

单位：件

项　目	专利申请数	# 发明专利	有效发明专利数
合计	**4117**	**1249**	**2794**
一、按企业规模分			
大型	3463	1096	2397
中型	585	133	338
小型	21	10	41
微型	48	10	18
二、按隶属关系分			
中央	3545	1149	2227
地方	352	48	307
其他	220	52	260
三、按登记注册类型分			
内资企业	4117	1249	2770
港、澳、台商投资企业	0	0	0
外商投资企业	0	0	24
四、按国民经济行业分			
房屋建筑业	1358	395	661
土木工程建筑业	2474	784	1874
建筑安装业	237	55	179
建筑装饰、装修和其他建筑业	48	15	80
五、按企业控股情况分			
国有控股	3901	1203	2526
集体控股	2	1	14
私人控股	204	40	222
港澳台商控股、外商控股和其他	10	5	32

表 4-6 建筑业企业政府相关政策落实情况（2022 年）

单位：万元

项 目	来自政府部门的研发资金	研究开发费用加计扣除减免税	高新技术企业减免税
合计	**229759**	**26496**	**36832**
一、按企业规模分			
大型	200360	23108	34065
中型	26915	3136	2736
小型	1043	90	0
微型	1441	162	30
二、按隶属关系分			
中央	195442	22319	29786
地方	20979	2435	5133
其他	13339	1742	1913
三、按登记注册类型分			
内资企业	228942	26408	36777
港、澳、台商投资企业	0	0	0
外商投资企业	817	88	55
四、按国民经济行业分			
房屋建筑业	89942	6156	8463
土木工程建筑业	122559	18563	27242
建筑安装业	15131	1627	932
建筑装饰、装修和其他建筑业	2127	151	196
五、按企业控股情况分			
国有控股	214935	24371	34669
集体控股	0	0	0
私人控股	14007	2037	2108
港澳台商控股、外商控股和其他	817	88	55

2023天津科技统计年鉴

第五部分

重点服务业企业

表 5-1　重点服务业企业基本情况（2022 年）

项　目	企业单位数（个）	# 有 R&D 活动	# 有研发机构	从业人员期末人数（人）	主营业务收入（万元）	利润总额（万元）	资产总计（万元）
合计	**4799**	**381**	**86**	**649421**	**95017033**	**3658798**	**378111458**
一、按企业规模分							
大型	139	54	21	191534	31591411	743840	63467679
中型	458	133	37	249223	12690673	1481684	134367918
小型	2161	177	27	180100	32286196	1288348	146368876
微型	2041	17	1	28564	18448753	144926	33906986
二、按隶属关系分							
中央	148	53	22	63388	18244169	850303	40891604
地方	354	47	6	47579	6356382	526283	181798370
其他	4297	281	58	538454	70416482	2282212	155421484
三、按登记注册类型分							
内资企业	4493	359	82	593663	84991513	2380793	352450417
港、澳、台商投资企业	141	11	2	31290	5349472	445621	14884179
外商投资企业	165	11	2	24468	4676049	832384	10776862
四、按国民经济行业分							
交通运输、仓储和邮政业	1782	25	5	146863	38952825	945646	116719521
信息传输、软件和信息技术服务业	468	87	20	90728	13006123	532832	24367263
租赁和商务服务业	1322	27	3	258201	22435601	809468	151931474
科学研究和技术服务业	737	229	54	110773	17119825	1224229	32766497
水利、环境和公共设施管理业	92	8	3	18202	1384174	44790	47291539
卫生和社会工作	128	3	0	17312	884261	4888	808986
文化、体育和娱乐业	270	2	1	7342	1234224	96946	4226178
五、按企业控股情况分							
国有控股	763	146	41	219483	31334930	1983737	305790898
集体控股	54	8	0	14471	657546	–231366	2710243
私人控股	3709	208	41	371174	55154536	1111542	49270366
港、澳、台商控股	124	10	3	23125	4183627	178775	12771359
外商控股	147	9	0	21095	3478671	615637	7546864
其他	2	0	1	73	7704	473	21727

表 5-2 重点服务业企业

项 目	R&D 人员（人）	# 女性	# 研究人员	按工作性质分	
				项目研究开发人员	管理和服务人员
合计	**23458**	**6421**	**11823**	**21708**	**1750**
一、按企业规模分					
大型	13257	3188	7109	12208	1049
中型	6812	2104	3280	6382	430
小型	3172	1021	1328	2927	245
微型	217	108	106	191	26
二、按隶属关系分					
中央	10831	1893	5778	9911	920
地方	1967	540	1036	1841	126
其他	10660	3988	5009	9956	704
三、按登记注册类型分					
内资企业	21982	6035	11187	20317	1665
港、澳、台商投资企业	945	288	397	881	64
外商投资企业	531	98	239	510	21
四、按国民经济行业分					
交通运输、仓储和邮政业	568	107	266	534	34
信息传输、软件和信息技术服务业	4709	1498	2178	4470	239
租赁和商务服务业	902	236	255	855	47
科学研究和技术服务业	16897	4453	8971	15492	1405
水利、环境和公共设施管理业	166	55	48	151	15
卫生和社会工作	94	39	45	87	7
文化、体育和娱乐业	122	33	60	119	3
五、按企业控股情况分					
国有控股	14594	3027	7773	13414	1180
集体控股	209	38	105	193	16
私人控股	7037	2753	3209	6672	365
港、澳、台商控股	925	276	386	862	63
外商控股	693	327	350	567	126
其他	0	0	0	0	0

R&D 人员情况（2022 年）

按工作量分		R&D 人员折合全时当量（人年）		按活动类型分		
全时人员	非全时人员		# 研究人员	基础研究	应用研究	试验发展
11666	**11792**	**13856**	**6925**	**124**	**993**	**12740**
4324	8933	7613	4059	98	547	6968
5034	1778	4138	1958	5	342	3791
2161	1011	1965	837	10	104	1851
147	70	140	71	10	0	130
3625	7206	6054	3192	78	530	5446
797	1170	1181	618	15	88	1079
7244	3416	6621	3116	31	375	6216
10609	11373	12790	6434	124	993	11674
618	327	665	310	0	0	665
439	92	401	181	0	0	401
349	219	464	222	0	0	464
3566	1143	3360	1562	0	59	3302
394	508	548	172	0	0	548
7051	9846	9209	4858	114	928	8167
112	54	126	38	0	0	126
84	10	59	29	10	0	49
110	12	91	45	0	6	85
5353	9241	8390	4423	111	878	7402
144	65	124	60	0	24	100
4953	2084	4355	1974	13	79	4263
615	310	650	302	0	0	650
601	92	338	167	0	12	325
0	0	0	0	0	0	0

表 5-3　重点服务业企业

项　目	R&D 经费内部支出	按活动类型分			按支出用途分		
		基础研究	应用研究	试验发展	经常费支出	# 人员劳务费	资产性支出
合计	**745169**	**4400**	**44871**	**695898**	**679751**	**445159**	**65418**
一、按企业规模分							
大型	441583	2271	26189	413122	390107	244408	51476
中型	219238	990	13899	204349	207049	144876	12189
小型	79364	897	4783	73684	77610	53303	1754
微型	4985	242	0	4742	4985	2573	0
二、按隶属关系分							
中央	365289	2274	25902	337113	330413	193203	34876
地方	41386	891	2462	38033	40649	32461	737
其他	338495	1235	16507	320752	308689	219495	29805
三、按登记注册类型分							
内资企业	667781	3822	44871	619088	611280	387757	56501
港、澳、台商投资企业	61692	578	0	61114	52775	44062	8917
外商投资企业	15696	0	0	15696	15695	13340	0
四、按国民经济行业分							
交通运输、仓储和邮政业	16853	578	0	16275	16806	12607	47
信息传输、软件和信息技术服务业	186141	0	2711	183430	177274	138104	8867
租赁和商务服务业	14457	333	0	14124	13743	11043	714
科学研究和技术服务业	512659	3247	41836	467576	458456	274477	54203
水利、环境和公共设施管理业	4924	0	0	4924	4379	2483	545
卫生和社会工作	3023	242	0	2781	3023	1340	0
文化、体育和娱乐业	7112	0	324	6788	6071	5106	1042
五、按企业控股情况分							
国有控股	459721	4074	37269	418379	420119	261019	39602
集体控股	4875	0	1607	3268	4333	3900	542
私人控股	212034	326	5681	206028	195893	132241	16142
港、澳、台商控股	60673	0	0	60673	51768	43340	8905
外商控股	7866	0	315	7551	7638	4659	228
其他	0	0	0	0	0	0	0

R&D 经费情况（2022 年）

单位：万元

		按资金来源分								
土地与建筑物	仪器和设备	政府资金	企业资金	境外资金	其他资金	R&D 经费外部支出	对境内研究机构支出	对境内高等学校支出	对境内企业支出	对境外支出
937	**64482**	**12123**	**730237**	**2333**	**476**	**165058**	**8417**	**4879**	**151642**	**120**
871	50605	9236	430013	2333	1	118201	7366	2966	107748	120
22	12167	2181	216656	0	402	30701	76	895	29730	0
43	1710	707	78584	0	73	11979	975	981	10023	0
0	0	0	4985	0	0	4177	0	36	4141	0
30	34845	8739	356520	0	29	113967	354	3533	109962	120
0	737	71	41315	0	0	896	470	208	219	0
906	28899	3313	332402	2333	447	50194	7594	1139	41462	0
827	55674	12123	655182	0	476	157084	8417	4870	143678	120
110	8808	0	59360	2333	0	3715	0	9	3706	0
0	0	0	15696	0	0	4259	0	0	4259	0
12	35	0	16853	0	0	922	412	87	423	0
7	8860	2426	183716	0	0	29680	108	122	29450	0
1	713	30	14427	0	0	4979	13	909	4057	0
912	53291	9330	500520	2333	476	124484	7885	3760	112719	120
5	540	131	4794	0	0	281	0	0	281	0
0	0	0	3023	0	0	1264	0	0	1264	0
0	1042	207	6905	0	0	3448	0	0	3448	0
779	38823	10379	449314	0	29	117370	827	4447	111976	120
0	542	0	4473	0	402	101	0	66	36	0
48	16093	1745	210244	0	45	43798	7590	367	35842	0
110	8795	0	58340	2333	0	3706	0	0	3706	0
0	228	0	7866	0	0	83	0	0	83	0
0	0	0	0	0	0	0	0	0	0	0

表 5-4 重点服务业企业办科技机构情况（2022 年）

项 目	机构数（个）	机构人员 合计（人）	# 博士毕业	# 硕士毕业	机构经费支出（万元）	仪器和设备原价（万元）
合计	**121**	**11086**	**484**	**4252**	**458888**	**695855**
一、按企业规模分						
大型	47	7876	343	3351	353177	575239
中型	45	2706	133	796	90219	106045
小型	28	501	8	105	15273	14567
微型	1	3	0	0	219	4
二、按隶属关系分						
中央	47	6738	319	2914	313737	534028
地方	7	322	14	147	7897	9719
其他	67	4026	151	1191	137254	152108
三、按登记注册类型分						
内资企业	117	10573	478	4158	443205	663734
港、澳、台商投资企业	2	509	6	91	15575	32016
外商投资企业	2	4	0	3	108	106
四、按国民经济行业分						
交通运输、仓储和邮政业	5	115	0	7	4259	530
信息传输、软件和信息技术服务业	24	1986	38	520	66779	54975
租赁和商务服务业	3	137	9	4	1954	1905
科学研究和技术服务业	84	8587	434	3684	371219	630711
水利、环境和公共设施管理业	3	86	3	12	2503	964
卫生和社会工作	0	0	0	0	0	0
文化、体育和娱乐业	2	175	0	25	12174	6770
五、按企业控股情况分						
国有控股	68	8250	376	3577	368859	586661
集体控股	0	0	0	0	0	0
私人控股	49	2291	102	574	72016	72103
港、澳、台商控股	3	545	6	101	17440	32074
外商控股	0	0	0	0	0	0
其他	1	0	0	0	572	5017

表 5-5　重点服务业企业自主知识产权及相关情况（2022 年）

单位：件

项　目	专利申请数	#发明专利	有效发明专利数
合计	**4801**	**2382**	**7583**
一、按企业规模分			
大型	2150	1284	3512
中型	1523	748	2110
小型	1028	323	1890
微型	100	27	71
二、按隶属关系分			
中央	2196	1270	3221
地方	386	101	381
其他	2219	1011	3981
三、按登记注册类型分			
内资企业	4603	2287	7008
港、澳、台商投资企业	136	74	388
外商投资企业	62	21	187
四、按国民经济行业分			
交通运输、仓储和邮政业	326	103	343
信息传输、软件和信息技术服务业	872	641	1352
租赁和商务服务业	135	28	414
科学研究和技术服务业	3325	1567	5406
水利、环境和公共设施管理业	84	14	44
卫生和社会工作	45	18	9
文化、体育和娱乐业	14	11	15
五、按企业控股情况分			
国有控股	3083	1654	4698
集体控股	45	7	141
私人控股	1481	587	2201
港、澳、台商控股	162	123	426
外商控股	28	11	82
其他	2	0	35

表 5-6　重点服务业企业政府相关政策落实情况（2022 年）

单位：万元

项　目	来自政府部门的研发资金	研究开发费用加计扣除减免税	高新技术企业减免税
合计	**880312**	**117153**	**125295**
一、按企业规模分			
大型	325120	59796	88381
中型	273666	32932	19251
小型	267666	23647	14959
微型	13860	779	2704
二、按隶属关系分			
中央	250730	36072	87725
地方	48699	5273	2235
其他	580883	75809	35336
三、按登记注册类型分			
内资企业	787385	86798	111276
港、澳、台商投资企业	61781	10128	6737
外商投资企业	31146	20227	7281
四、按国民经济行业分			
交通运输、仓储和邮政业	11615	1282	963
信息传输、软件和信息技术服务业	323768	60984	13322
租赁和商务服务业	20831	6252	5553
科学研究和技术服务业	509013	46577	99525
水利、环境和公共设施管理业	4456	540	598
卫生和社会工作	2992	373	1279
文化、体育和娱乐业	7637	1146	4056
五、按企业控股情况分			
国有控股	355629	45701	97126
集体控股	4232	441	470
私人控股	457179	59568	19796
港、澳、台商控股	52828	9921	6653
外商控股	9456	1508	1137
其他	987	15	111

第六部分

高等学校

表 6-1　高等学校科技活动人员基本情况（2018—2022 年）

项　目	单位	2018 年	2019 年	2020 年	2021 年	2022 年
高等学校数	**个**	**53**	**53**	**54**	**51**	**54**
教学与科研人员	**人**	**41773**	**42665**	**43822**	**44000**	**42218**
理、工、农、医类	人	26287	26499	27045	27020	24904
人文、社会科学类	人	15486	16166	16777	16980	17314
高等学校属 R&D 机构数	**个**	**342**	**400**	**408**	**455**	**466**
理、工、农、医类	个	249	325	326	359	357
人文、社会科学类	个	93	75	82	96	109
R&D 人员折合全时当量①	**人年**	**11752.3**	**17267.4**	**17167.1**	**20618.0**	**18670.6**
基础研究	人年	4429.6	7131.6	6947.1	8321.6	8842.2
应用研究	人年	5942.4	8102.2	7861.0	9889.4	7896.2
试验发展	人年	1380.3	2033.5	2359.0	2407.1	1932.3
理、工、农、医类高等学校 R&D 人员折合全时当量①	**人年**	**8655.2**	**14059.6**	**13986.7**	**15696.0**	**15011.9**
基础研究	人年	3165.3	5801.3	5699.6	5957.5	7519.7
应用研究	人年	4141.7	6252.8	5957.9	7361.2	5574.0
试验发展	人年	1348.2	2005.5	2329.2	2377.3	1918.2
人文、社会科学类高等学校 R&D 人员折合全时当量①	**人年**	**3097.1**	**3207.8**	**3180.4**	**3516.0**	**3658.7**
基础研究	人年	1264.3	1330.3	1247.5	1351.2	1322.5
应用研究	人年	1800.7	1849.4	1903.1	2148.1	2322.2
试验发展	人年	32.1	28.0	29.8	16.7	14.1

注：①表 6-1 中 R&D 人员折合全时当量数据为天津市统计局综合年报口径。

表 6-2　高等学校科技活动经费基本情况（2018—2022 年）

单位：万元

项　目	2018 年	2019 年	2020 年	2021 年	2022 年
科技活动经费内部支出	**493920**	**595519**	**627121**	**611535**	**555334**
# 劳务费	69795	82497	84241	127572	119355
业务费	325372	431511	449179	387370	348790
固定资产购建费	56529	54434	60421	56548	46924
理、工、农、医类	**459598**	**556985**	**588182**	**569414**	**515984**
# 劳务费	56551	68193	69454	111696	102535
业务费	310194	412893	431815	368717	335830
固定资产购建费	55347	53614	59352	55414	44251
人文、社会科学类	**34322**	**38534**	**38939**	**42121**	**39350**
# 劳务费	13244	14304	14787	15876	16819
业务费	15178	18618	17364	18653	12961
固定资产购建费	1182	820	1069	1134	2673
R&D 课题经费支出	**367957**	**247229**	**229626**	**393800**	**320061**
基础研究	84103	63904	82764	150672	92098
应用研究	222052	116380	99089	179458	176594
试验发展	61803	66946	47772	63670	51369
理、工、农、医类	**349217**	**224715**	**207317**	**369713**	**300983**
基础研究	74863	53362	71881	140101	85174
应用研究	212579	104458	87768	166077	164459
试验发展	61775	66896	47668	63536	51350
人文、社会科学类	**18740**	**22514**	**22309**	**24086**	**19078**
基础研究	9240	10542	10883	10571	6924
应用研究	9473	11922	11321	13381	12135
试验发展	28	50	104	134	19
科研基建投入	**152935**	**81978**	**91622**	**382833**	**175704**
科研基建支出	**141260**	**79361**	**90511**	**360087**	**160504**

表 6-3　高等学校 R&D 课题基本情况（2018—2022 年）

项　目	单位	2018 年	2019 年	2020 年	2021 年	2022 年
R&D 课题						
课题数	项	25128	26987	31025	32677	30131
课题投入人员	人年	11205.1	11755.3	12098.0	13569.7	12711.4
课题经费拨入	万元	420953	381215	373243	392104	365422
课题经费支出	万元	367957	247229	229626	305522	302441
理、工、农、医类						
R&D 课题数	项	13914	15735	17768	18743	17287
R&D 课题投入人员	人年	8119.2	8551.9	8922.2	10059.6	9050.1
R&D 课题经费拨入	万元	399529	358877	352296	369713	343027
R&D 课题经费支出	万元	349217	224715	207317	281436	282662
人文、社会科学类						
R&D 课题数	项	11214	11252	11602	12278	12844
R&D 课题投入人员	人年	3085.9	3203.4	3175.8	3510.1	3661.3
R&D 课题经费拨入	万元	21424	22338	20947	22391	22395
R&D 课题经费支出	万元	18740	22514	22309	24086	19779

表 6-4 理、工、农、医类高等学校

项 目	教学与科研人员	科学家和工程师	高级
合计	**24904**	**24196**	**10068**
一、按现从事学科分			
自然科学	3261	3245	1916
工程与技术科学	10517	10254	5087
医药科学	9893	9500	2615
农业科学	318	315	160
其他	915	882	290
二、按最后学历分			
博士研究生	10141	10049	6324
硕士研究生	8282	7950	2198
大学本科	5463	5240	1498
大学专科	729	707	43
中专及以下	289	250	5
三、按年龄分			
29 岁及以下	1636	1278	16
30 ～ 34 岁	4480	4283	401
35 ～ 39 岁	5163	5113	1311
40 ～ 44 岁	5425	5408	2552
45 ～ 49 岁	3161	3140	1998
50 ～ 54 岁	2736	2697	1715
55 ～ 59 岁	2094	2068	1866
60 岁及以上	209	209	209
四、按学校隶属关系分			
部委所属院校	7008	6800	3972
天津市所属院校	17896	17396	6096

科技人力资源情况（2022 年）

单位：人

		技术员	辅助人员
中级	初级		
10959	**3169**	**701**	**7**
1224	105	16	0
4474	693	257	6
4676	2209	392	1
123	32	3	0
462	130	33	0
3455	270	92	0
4350	1402	332	0
2543	1199	222	1
438	226	19	3
173	72	36	3
349	913	358	0
2605	1277	197	0
3239	563	50	0
2650	206	17	0
1065	77	19	2
880	102	36	3
171	31	24	2
0	0	0	0
2562	266	208	0
8397	2903	493	7

表 6-5　理、工、农、医类高等学校科技

项　目	教学与科研人员	# 女性	教师技术职务	教授	副教授	讲师	助教
合计	**24904**	**13460**	**11881**	**2796**	**4038**	**4504**	**468**
一、按现从事学科分							
自然科学	3261	1483	2675	815	908	896	50
工程与技术科学	10517	4440	7408	1571	2607	2883	316
医药科学	9893	6776	1322	321	363	553	53
农业科学	318	180	221	53	71	69	28
其他	915	581	255	36	89	103	21
二、按最后学历分							
博士研究生	10141	4228	8095	2459	2752	2764	86
硕士研究生	8282	4726	2901	228	926	1409	306
大学本科	5463	3690	867	108	357	320	74
大学专科	729	596	17	1	3	10	2
中专及以下	289	220	1	0	0	1	0
三、按年龄分							
29 岁及以下	1636	1182	446	1	15	239	171
30 ～ 34 岁	4480	2695	1897	48	318	1340	162
35 ～ 39 岁	5163	2890	2344	204	812	1223	90
40 ～ 44 岁	5425	2827	2792	585	1133	1050	17
45 ～ 49 岁	3161	1589	1781	503	830	439	9
50 ～ 54 岁	2736	1495	1195	510	512	163	7
55 ～ 59 岁	2094	741	1235	760	412	50	12
60 岁及以上	209	41	191	185	6	0	0
四、按学校隶属关系分							
部委所属院校	7008	2780	4802	1505	1826	1322	122
天津市所属院校	17896	10680	7079	1291	2212	3182	346

人力资源按技术职务分布情况（2022 年）

单位：人

其他	其他技术职务	高级	中级	初级	技术员	其他	辅助人员
75	**13016**	**888**	**2346**	**6455**	**701**	**2626**	**7**
6	586	39	154	328	16	49	0
31	3103	249	660	1591	257	346	6
32	8570	578	1353	4123	392	2124	1
0	97	6	30	54	3	4	0
6	660	16	149	359	33	103	0
34	2046	434	679	691	92	150	0
32	5381	218	826	2941	332	1064	0
8	4595	235	798	2223	222	1117	1
1	709	1	38	428	19	223	3
0	285	0	5	172	36	72	3
20	1190	0	0	110	358	722	0
29	2583	3	32	1265	197	1086	0
15	2819	20	275	2016	50	458	0
7	2633	104	730	1600	17	182	0
0	1378	161	504	626	19	68	2
3	1538	252	441	717	36	92	3
1	857	332	362	121	24	18	2
0	18	16	2	0	0	0	0
27	2206	201	440	1240	208	117	0
48	10810	687	1906	5215	493	2509	7

表 6-6　理、工、农、医类高等学校科技活动经费情况（2022 年）

单位：万元

项　目	经费合计	部委所属院校	天津市所属院校
一、上年结转经费	**461611**	**379103**	**82508**
二、科技经费筹集额	**639521**	**428869**	**210652**
# R&D 经费拨入合计	491892	320021	171872
科研事业费	53580	28361	25220
# 科研人员工资 1	1611	1611	0
科研人员工资 2	35830	13779	22051
主管部门专项费	46416	46416	0
# 平台建设经费	5912	5912	0
人才队伍建设经费	5400	5400	0
其他学科建设经费	0	0	0
国家发改委、科技部专项费	118237	103477	14760
国家自然科学基金项目费	75341	48148	27193
国务院其他部门专项费	42902	26904	15998
省、市、自治区专项费	26750	11253	15496
地市厅局（含县）专项费	1779	151	1628
企、事业单位委托经费	242352	162170	80182
# 进入学校财务	158989	78806	80182
当年学校科技活动经费	26652	1495	25157
# 为国家科技计划项目配套	0	0	0
金融机构贷款	4889	0	4889
国外资金	497	495	2
其他资金	128	0	128
三、当年经费支出合计	**583582**	**391254**	**192328**
# R&D 经费支出合计	425219	263773	161446
转拨给外单位经费	67597	46811	20787
# 对境内研究机构	22329	19157	3172
对境内高等学校	18903	14728	4174
对境内企业	19807	12925	6882
对境外机构	0	0	0
内部支出经费合计	515984	344443	171541
人员劳务费	102535	55424	47111
业务费	335830	242603	93226
固定资产购置费	44251	22791	21460
# 仪器设备费	41650	22239	19411
上缴税金	9604	6928	2676
管理费	23228	16697	6531
其他支出	537	0	537
四、当年结余经费合计	**516902**	**416114**	**100788**
银行存款	515502	414714	100788

续表

项　目	经费合计	部委所属院校	天津市所属院校
暂付款	1399	1399	0
其他	0	0	0
五、当年科研基建投入	**175704**	**71970**	**103734**
六、当年科研基建支出	**160504**	**57167**	**103336**
其中：土建工程	71171	15700	55471
仪器设备	43114	41468	1647

表 6-7 理、工、农、医类高等学校

项 目	机构数（个）	从业人员（人）	科技活动人员（人年）	# 高级职称
合计	**370**	**8248**	**4990.6**	**2919.4**
一、按机构类型分				
R&D 机构	357	8007	4864.4	2838.8
其他机构	13	241	126.2	80.6
二、按机构级别分				
国家级机构	30	1356	795.2	534.1
省部级机构	329	6528	3967.2	2288.5
其他主管部门机构	11	364	228.2	96.8
三、按组成类型分				
单位独办	304	7142	4282.6	2490.4
与境内高校合办	23	467	297.3	195.3
与境内独立研究机构合办	7	128	90.8	50.3
与境外机构合办	12	159	103.9	61.9
与境内注册外商独资合办	0	0	0	0
与境内注册其他企业合办	22	313	201.6	116.1
其他	2	39	14.4	5.4
四、按学校隶属关系分				
部委所属院校	187	3344	2194.7	1452.8
天津市所属院校	183	4904	2795.9	1466.6

科技活动机构情况（2022 年）

# 中级职称	培养研究生（人）	当年经费内部支出（万元）	# R&D 支出	承担课题（项）	固定资产原值（万元）	# 仪器设备
1592.6	**17516**	**545214**	**482551**	**1414**	**1792664**	**1235080**
1560.2	17270	535770	474584	1350	1759718	1211281
32.4	246	9444	7967	64	32946	23799
196.8	4228	116087	103854	357	369715	251009
1304.6	13148	426183	375853	1043	1396658	958480
91.2	140	2944	2844	14	26291	25591
1370.3	15206	485489	436948	1229	1472738	1034063
90.2	1442	30991	27170	127	112379	107771
31.0	215	6487	1529	15	11835	8589
39.0	253	1666	1329	11	7400	7068
0	0	0	0	0	0	0
53.3	374	19544	14684	27	178800	69274
8.8	26	1038	890	4	9512	8314
507.0	9919	507892	447541	1027	1382542	902292
1085.6	7597	37322	35010	387	410122	332788

表 6-8 理、工、农、医类高等学校

项　目	课题数（项）	当年经费投入（万元）	当年经费支出（万元）	当年投入人员（人年）
合计	**20438**	**468233**	**395119**	**10299.7**
一、按项目活动类型分				
基础研究	6830	97871	76289	3931.4
应用研究	7384	173224	156477	3622.6
试验发展	3073	71932	49896	1496.1
R&D 成果应用	1563	105648	99135	702.2
科技服务	1588	19558	13321	547.4
二、按学科领域分				
自然科学	3810	87509	56748	1512.6
工程与技术	12214	329680	300324	5542.9
医药科学	3669	46685	34545	2980.6
农业科学	745	4359	3501	263.6
三、按项目来源分				
国家科技重大专项	34	5495	6728	25.0
国家重点研发计划	1113	86173	61961	551.0
国家科技部项目	78	1659	1568	47.0
国家自然科学基金项目	4266	68526	53103	2482.0
教育部科技项目	4	28	15	2.0
国家部委其他科技项目	368	30563	47123	312.0
省、自治区、直辖市科技项目	2322	19315	18106	1239.0
地市厅局（含县）项目	958	1785	1687	598.0
企业单位委托科技项目	8644	223818	178235	3934.0
事业单位委托科技项目	1444	18529	14058	425.0
国际合作项目	13	497	468	20.0
自选课题	1175	11731	12015	645.0
其他课题	19	114	54	20.0
四、按学校隶属关系分				
部委所属院校	10278	338646	297996	3705.6
天津市所属院校	10160	129587	97123	6594.1

科技课题情况（2022 年）

# 女性	高级职称	中级职称	初级职称	其他	参与项目的研究生数（人）
3626.5	**5328.1**	**3882.5**	**931.9**	**157.2**	**31511**
1439.3	1813.8	1559.2	455.4	103.0	12975
1232.5	2030.0	1271.6	286.5	34.5	9079
464.0	828.3	554.3	100.8	12.7	5746
278.3	376.9	279.4	42.2	3.7	2028
212.4	279.1	218.0	47.0	3.3	1683
565.2	916.9	546.9	43.0	5.8	6279
1827.1	3324.1	1894.8	286.2	37.8	18665
1137.2	979.1	1320.2	568.8	112.5	6010
97.0	108.0	120.6	33.9	1.1	557
12.9	13.7	8.4	2.9	0.2	71
218.2	328.3	189.7	28.0	4.9	2235
22.1	16.3	23.7	4.8	1.9	184
950.4	1214.6	938.5	251.3	77.9	9266
0.3	1.2	0.4	0	0	5
104.3	173.6	103.0	33.7	1.7	589
413.7	599.5	483.4	141.1	15.2	3695
230.4	158.1	300.9	121.1	17.5	903
1276.8	2195.1	1441.9	266.0	31.6	11077
139.5	267.5	139.6	16.1	1.5	1995
5.4	8.6	6.5	2.5	2.0	23
241.2	343.1	239.5	60.0	2.8	1439
11.3	8.5	7.0	4.4	0	29
1394.1	2583.3	1044.5	60.0	17.8	15407
2232.4	2744.8	2838.0	871.9	139.4	16104

表 6-9　理、工、农、医类高等学校科技交流情况（2022 年）

交流形式		单位	合计	按国（境）内外分		按学校隶属关系分	
				国（境）内	国（境）外	部委所属院校	天津市所属院校
合作研究	派遣	人次	501	451	50	63	438
	接受	人次	623	552	71	154	469
国际学术会议	出席人员	人次	2581	2363	218	788	1793
	交流论文	篇	993	806	187	460	533
	特邀报告	篇	292	251	41	195	97
	主办会议	次	22	21	1	8	14

表 6-10　理、工、农、医类高等学校技术转让与知识产权情况（2022 年）

受让方类型	技术转让合同数（项）	合同金额（万元）	技术转让当年实际收入（万元）	知识产权类型	申请量（项）	授权量（项）	知识产权拥有量（项）
合计	**419**	**21731**	**9278**	**一、专利合计**	**4994**	**5241**	**21024**
# 专利出售	367	17211	7503	# 国外	78	94	337
其他知识产权出售	52	4469	1774	**1. 按知识产权类型分**			
一、按登记注册类型分				发明专利	4166	4079	15046
国有企业	18	10413	2646	实用新型	671	1007	5462
外资企业	1	100	50	外观设计	157	155	516
民营企业	390	11197	6561	**2. 按学校隶属关系分**			
其他	10	21	21	部委所属院校	2747	3328	13488
二、按学校隶属关系分				天津市所属院校	2247	1913	7536
部委所属院校	146	5958	4306	**二、其他知识产权**	**0**	**551**	**2053**
天津市所属院校	273	15773	4972				

表 6-11 理、工、农、医类高等学校

项 目	发表学术论文（篇）	# 国外学术刊物发表	三大检索系统收录论文（篇） SCIE	EI	CPCI-S
合计	**33927**	**22417**	**17817**	**8662**	**457**
一、按学科分					
自然科学	9628	7729	6002	1346	94
工程与技术科学	12398	7992	5500	6968	351
医药科学	11381	6520	6153	265	12
农业科学	520	176	162	83	0
二、按学校隶属关系分					
部委所属院校	17899	12886	9434	7754	418
天津市所属院校	16028	9531	8383	908	39

科技成果情况（2022 年）

科技著作				大专院校教科书		编著	
部	千字	# 国（境）外出版		部	千字	部	千字
		部	千字				
56	**12791**	**8**	**1265**	**45**	**10659**	**38**	**7418**
12	2502	4	723	6	1703	7	1627
18	3434	3	222	26	7825	20	4829
26	6855	1	320	13	1131	10	892
0	0	0	0	0	0	1	70
15	2685	7	945	6	1855	10	2770
41	10106	1	320	39	8804	28	4648

表 6-12　理、工、农、医类高等学校

项　目	获奖成果	
		特等奖
合计	**113**	**3**
一、按学科分		
自然科学	13	0
工程与技术科学	70	3
医药科学	25	0
农业科学	5	0
其他	0	0
二、按承担单位分		
# 第一承担单位	84	3
第二承担单位	15	0
三、按学校隶属关系分		
部委所属院校	48	3
天津市所属院校	65	0

科技成果奖励情况（2022 年）

单位：项

省部级奖		其他
一等奖	二等奖	
36	**58**	**16**
5	7	1
24	32	11
6	15	4
1	4	0
0	0	0
28	43	10
1	10	4
20	20	5
16	38	11

表 6-13　人文、社会科学类高等学校

项　目	教学与科研人员	# 女性	# 教授	# 副教授
合计	**17314**	**10758**	**1852**	**4542**
一、按现从事学科分				
管理学	2963	1782	341	807
马克思主义	1073	697	96	240
哲学	218	110	36	70
逻辑学	12	4	4	3
宗教学	7	1	1	4
语言学	2395	1892	148	619
中国文学	367	246	55	118
外国文学	467	375	51	120
艺术学	2226	1287	206	526
历史学	356	137	97	105
考古学	14	6	2	5
经济学	1720	1045	288	526
政治学	230	109	39	46
法学	802	477	107	221
社会学	182	112	31	38
民族学	15	8	3	2
新闻学与传播学	200	125	27	56
图书馆、情报与文献学	732	521	44	158
教育学	1895	1197	160	472
统计学	99	61	14	27
心理学	198	141	30	50
体育科学	1112	411	66	324
其他学科	31	14	6	5
二、按年龄分				
60 岁及以上	135	28	135	0
55 ～ 59 岁	1706	878	700	764
50 ～ 54 岁	1799	1003	424	826
45 ～ 49 岁	2327	1392	314	1009
40 ～ 44 岁	4519	2933	231	1362
35 ～ 39 岁	3454	2257	46	499
30 ～ 34 岁	2481	1650	2	81
29 岁及以下	893	617	0	1
三、按学校隶属关系分				
部委所属院校	2906	1437	612	939
天津市所属院校	14408	9321	1240	3603

教学与科研人员情况（2022 年）

单位：人

按职称级别划分			按最后学历分		按最后学位分	
# 讲师	# 助教	# 初级	# 研究生	# 本科生	# 博士	# 硕士
8299	**1694**	**909**	**12564**	**4730**	**5002**	**9092**
1411	227	176	2236	726	1141	1362
399	207	131	869	204	361	562
82	15	15	206	12	129	78
5	0	0	11	1	9	3
2	0	0	6	1	6	0
1343	212	70	1686	706	367	1596
168	18	8	300	67	186	138
225	52	19	364	103	150	257
1086	297	109	1517	705	198	1428
139	9	6	342	14	282	61
5	2	0	13	1	12	1
738	96	70	1398	320	897	637
102	40	3	204	26	130	92
383	56	35	617	185	329	373
98	10	5	166	16	119	54
4	6	0	13	2	7	7
80	22	13	183	15	73	114
441	27	62	379	353	64	372
911	215	131	1155	734	284	1161
47	8	3	83	16	52	36
79	30	9	172	26	97	82
535	143	42	613	497	86	670
16	2	2	31	0	23	8
0	0	0	117	18	105	15
237	4	1	884	821	495	554
530	16	3	1093	705	552	738
959	36	9	1627	700	789	1130
2632	236	58	3170	1349	1151	2686
2288	438	183	2794	660	990	2001
1419	580	396	2206	272	792	1428
234	384	259	673	205	128	540
1141	91	123	2646	260	1854	796
7158	1603	786	9918	4470	3148	8296

表 6-14　人文、社会科学类高等学校

项目			合计	教授①
合计		**全时人数（人）**	**52**	**41**
		非全时人数（人）	**15262**	**2383**
		非全时折合全时人数（人年）	**3606.7**	**637.3**
按学科分	管理学	全时人数（人）	11	9
		非全时人数（人）	3268	476
		非全时折合全时人数（人年）	822.9	136.3
	马克思主义	全时人数（人）	2	0
		非全时人数（人）	1038	167
		非全时折合全时人数（人年）	252.5	47.2
	哲学	全时人数（人）	0	0
		非全时人数（人）	143	49
		非全时折合全时人数（人年）	30.1	11.0
	逻辑学	全时人数（人）	0	0
		非全时人数（人）	6	3
		非全时折合全时人数（人年）	1.4	0.5
	宗教学	全时人数（人）	0	0
		非全时人数（人）	2	1
		非全时折合全时人数（人年）	0.4	0.2
	语言学	全时人数（人）	1	1
		非全时人数（人）	900	147
		非全时折合全时人数（人年）	223.1	38.7
	中国文学	全时人数（人）	0	0
		非全时人数（人）	263	68
		非全时折合全时人数（人年）	49.4	14.2
	外国文学	全时人数（人）	0	0
		非全时人数（人）	260	44
		非全时折合全时人数（人年）	48.8	9.2
	艺术学	全时人数（人）	0	0
		非全时人数（人）	968	139
		非全时折合全时人数（人年）	256.5	39.6
	历史学	全时人数（人）	3	3
		非全时人数（人）	277	106
		非全时折合全时人数（人年）	63.6	25.8
	考古学	全时人数（人）	0	0
		非全时人数（人）	16	5
		非全时折合全时人数（人年）	4.4	1.3
	经济学	全时人数（人）	22	19
		非全时人数（人）	1502	299
		非全时折合全时人数（人年）	369.7	88.8

R&D 人员按职称分布情况（2022 年）

副教授	讲师	助教	初级	其他人员	研究生（学生）
8	**3**	**0**	**0**	**0**	**0**
3753	**6053**	**1075**	**595**	**9**	**1394**
914.7	**1351.5**	**212.8**	**115.0**	**1.7**	**373.7**
2	0	0	0	0	0
755	1258	200	113	1	465
198.9	291.1	38.2	21.5	0.1	136.8
2	0	0	0	0	0
229	435	87	37	0	83
61.1	92.8	17.0	6.1	0	28.3
0	0	0	0	0	0
44	32	4	0	0	14
8.5	6.6	0.5	0	0	3.5
0	0	0	0	0	0
0	1	0	0	0	2
0	0.3	0	0	0	0.6
0	0	0	0	0	0
1	0	0	0	0	0
0.2	0	0	0	0	0
0	0	0	0	0	0
234	387	61	25	2	44
57.8	89.5	19.2	4.8	0.3	12.8
0	0	0	0	0	0
61	103	9	8	0	14
12.6	17.2	1.1	0.9	0	3.4
0	0	0	0	0	0
77	122	6	0	0	11
14.5	22.1	0.7	0	0	2.3
0	0	0	0	0	0
257	422	95	28	0	27
68.5	109.0	22.4	7.0	0	10.0
0	0	0	0	0	0
67	78	7	2	0	17
18.4	14.1	0.9	0.2	0	4.2
0	0	0	0	0	0
3	6	0	1	0	1
1.0	1.7	0	0.1	0	0.3
3	0	0	0	0	0
373	522	66	33	0	209
92.1	118.2	12.0	5.9	0	52.7

项　目			合计	教授[①]
按学科分	政治学	全时人数（人）	1	1
		非全时人数（人）	231	58
		非全时折合全时人数（人年）	57.2	18.5
	法学	全时人数（人）	4	4
		非全时人数（人）	634	95
		非全时折合全时人数（人年）	178.9	30.1
	社会学	全时人数（人）	2	2
		非全时人数（人）	465	72
		非全时折合全时人数（人年）	92.4	17.3
	民族学	全时人数（人）	0	0
		非全时人数（人）	42	9
		非全时折合全时人数（人年）	8.2	3.4
	新闻学与传播学	全时人数（人）	1	0
		非全时人数（人）	194	34
		非全时折合全时人数（人年）	44.8	8.0
	图书馆、情报与文献学	全时人数（人）	1	1
		非全时人数（人）	291	40
		非全时折合全时人数（人年）	54.8	7.7
	教育学	全时人数（人）	4	1
		非全时人数（人）	3390	396
		非全时折合全时人数（人年）	755.2	94.5
	统计学	全时人数（人）	0	0
		非全时人数（人）	210	22
		非全时折合全时人数（人年）	46.0	3.7
	心理学	全时人数（人）	0	0
		非全时人数（人）	202	25
		非全时折合全时人数（人年）	50.0	7.1
	体育科学	全时人数（人）	0	0
		非全时人数（人）	901	119
		非全时折合全时人数（人年）	183.0	33.2
	其他学科	全时人数（人）	0	0
		非全时人数（人）	59	9
		非全时折合全时人数（人年）	13.4	1.0

注：①本表中教授包括外聘的教授。

续表

副教授	讲师	助教	初级	其他人员	研究生（学生）
0	0	0	0	0	0
64	76	11	3	0	19
15.8	16.0	2.3	0.6	0	4.0
0	0	0	0	0	0
163	227	31	13	0	105
48.3	57.4	6.4	2.0	0	34.7
0	0	0	0	0	0
104	183	21	23	0	62
19.8	34.4	4.2	3.4	0	13.3
0	0	0	0	0	0
20	10	0	0	0	3
3.2	1.3	0	0	0	0.3
1	0	0	0	0	0
50	75	16	6	0	13
11.7	17.9	2.4	1.2	0	3.6
0	0	0	0	0	0
66	142	9	24	0	10
13.2	25.3	1.4	4.6	0	2.6
0	3	0	0	0	0
887	1480	360	225	3	39
199.5	328.4	70.3	47.4	0.7	14.4
0	0	0	0	0	0
38	69	8	3	0	70
7.9	12.1	1.4	0.5	0	20.4
0	0	0	0	0	0
46	88	22	7	0	14
11.1	22.9	3.8	1.1	0	4.0
0	0	0	0	0	0
204	319	59	43	0	157
48.9	69.9	8.2	7.1	0	15.7
0	0	0	0	0	0
10	18	3	1	3	15
1.7	3.3	0.4	0.6	0.6	5.8

表 6-15　人文、社会科学类高等学校 R&D 人员按学校隶属关系分布情况（2022 年）

项目			合计	按学校隶属关系分	
				部委所属院校	天津市所属院校
合计		**全时人数（人）**	**52**	**39**	**13**
		非全时人数（人）	**15262**	**2822**	**12440**
		非全时折合全时人数（人年）	**3606.7**	**802.2**	**2804.5**
按学科分	管理学	全时人数（人）	11	7	4
		非全时人数（人）	3268	779	2489
		非全时折合全时人数（人年）	822.9	234.4	588.5
	马克思主义	全时人数（人）	2	2	0
		非全时人数（人）	1038	236	802
		非全时折合全时人数（人年）	252.5	72.8	179.7
	哲学	全时人数（人）	0	0	0
		非全时人数（人）	143	73	70
		非全时折合全时人数（人年）	30.1	16.7	13.4
	逻辑学	全时人数（人）	0	0	0
		非全时人数（人）	6	6	0
		非全时折合全时人数（人年）	1.4	1.4	0
	宗教学	全时人数（人）	0	0	0
		非全时人数（人）	2	2	0
		非全时折合全时人数（人年）	0.4	0.4	0
	语言学	全时人数（人）	1	1	0
		非全时人数（人）	900	207	693
		非全时折合全时人数（人年）	223.1	53.8	169.3
	中国文学	全时人数（人）	0	0	0
		非全时人数（人）	263	95	168
		非全时折合全时人数（人年）	49.4	21.1	28.3
	外国文学	全时人数（人）	0	0	0
		非全时人数（人）	260	67	193
		非全时折合全时人数（人年）	48.8	11.9	36.9
	艺术学	全时人数（人）	0	0	0
		非全时人数（人）	968	23	945
		非全时折合全时人数（人年）	256.5	5.8	250.7
	历史学	全时人数（人）	3	3	0
		非全时人数（人）	277	133	144
		非全时折合全时人数（人年）	63.6	33.8	29.8
	考古学	全时人数（人）	0	0	0
		非全时人数（人）	16	9	7
		非全时折合全时人数（人年）	4.4	2.6	1.8
	经济学	全时人数（人）	22	19	3
		非全时人数（人）	1502	453	1049
		非全时折合全时人数（人年）	369.7	128.6	241.1

续表

项　目			合计	按学校隶属关系分	
				部委所属院校	天津市所属院校
按学科分	政治学	全时人数（人）	1	0	1
		非全时人数（人）	231	67	164
		非全时折合全时人数（人年）	57.2	18.7	38.5
	法学	全时人数（人）	4	3	1
		非全时人数（人）	634	259	375
		非全时折合全时人数（人年）	178.9	90.4	88.5
	社会学	全时人数（人）	2	2	0
		非全时人数（人）	465	91	374
		非全时折合全时人数（人年）	92.4	22.3	70.1
	民族学	全时人数（人）	0	0	0
		非全时人数（人）	42	14	28
		非全时折合全时人数（人年）	8.2	3.6	4.6
	新闻学与传播学	全时人数（人）	1	1	0
		非全时人数（人）	194	30	164
		非全时折合全时人数（人年）	44.8	8.6	36.2
	图书馆、情报与文献学	全时人数（人）	1	1	0
		非全时人数（人）	291	71	220
		非全时折合全时人数（人年）	54.8	16.7	38.1
	教育学	全时人数（人）	4	0	4
		非全时人数（人）	3390	133	3257
		非全时折合全时人数（人年）	755.2	39.7	715.5
	统计学	全时人数（人）	0	0	0
		非全时人数（人）	210	2	208
		非全时折合全时人数（人年）	46.0	0.5	45.5
	心理学	全时人数（人）	0	0	0
		非全时人数（人）	202	25	177
		非全时折合全时人数（人年）	50.0	5.0	45.0
	体育科学	全时人数（人）	0	0	0
		非全时人数（人）	901	14	887
		非全时折合全时人数（人年）	183.0	3.9	179.1
	其他学科	全时人数（人）	0	0	0
		非全时人数（人）	59	33	26
		非全时折合全时人数（人年）	13.4	9.5	3.9

表 6-16 人文、社会科学类高等学校 R&D 经费情况（2022 年）

单位：万元

项 目	经费合计	部委所属院校	天津市所属院校
一、上年结转经费	**35432**	**23934**	**11497**
二、当年经费收入合计	**44565**	**18160**	**26405**
1. 政府资金投入	26396	10508	15889
科研活动经费	12272	7654	4618
教育部科研项目经费	1066	465	601
教育部其他科研经费	1826	1698	128
中央其他部门科研项目经费	7821	5090	2731
省、市、自治区社科基金项目	619	287	332
省教育厅科研项目经费	376	3	373
省教育厅其他科研经费	135	0	135
其他各类地方政府经费	429	111	318
科技活动人员工资	14124	2854	11271
科研基建费	0	0	0
2. 非政府资金投入	18168	7653	10516
企、事业单位委托项目经费	11731	5437	6294
金融机构贷款	519	0	519
自筹经费	4492	2206	2285
境外资金	29	0	29
# 港澳台地区合作项目经费	0	0	0
其他收入	42	9	33
科技活动人员工资	1355	0	1355
三、当年经费支出合计	**40051**	**15702**	**24349**
转拨给外单位经费	701	50	651
R&D 经费内部支出	39350	15652	23698
科研人员费	16819	3552	13267
业务费	12961	7215	5745
科研基建费	0	0	0
仪器设备费	2673	1416	1257
# 单价在 1 万元以上的设备费	233	30	203
图书资料费	1633	712	920
间接费	4057	2260	1798
# 管理费	1001	721	280
其他支出	1207	497	710
四、当年结余经费	**39946**	**26392**	**13553**
银行存款	39919	26375	13544
暂付款	26	17	9

表 6-17　人文、社会科学类高等学校研究机构情况（2022 年）

项　目	单位	合计	部委所属院校	天津市所属院校
机构数	个	**109**	**46**	**63**
科技活动人员	人	**1774**	**720**	**1054**
# 博士毕业		1484	664	820
# 硕士毕业		223	56	167
培养研究生	人	**2275**	**962**	**1313**
R&D 经费支出	万元	**5497**	**3187**	**2310**
仪器设备原价	万元	**17997**	**4360**	**13637**
# 进口		8991	0	8991

表 6-18 人文、社会科学类

项 目	课题数（项）	当年投入人员（人年）	#研究生	当年经费拨入（万元）
合计	**12844**	**3661.3**	**373.7**	**22395**
一、按学科分				
管理学	2827	834.1	136.8	7557
马克思主义	870	254.4	28.3	917
哲学	121	30.1	3.5	219
逻辑学	6	1.4	0.6	57
宗教学	2	0.4	0	0
语言学	843	224.1	12.8	990
中国文学	232	49.4	3.4	313
外国文学	193	48.8	2.3	217
艺术学	870	256.5	10.0	1530
历史学	302	66.8	4.2	957
考古学	24	4.4	0.3	37
经济学	1591	393.8	52.7	3290
政治学	303	58.3	4.0	766
法学	783	183.0	34.7	1747
社会学	329	94.4	13.3	567
民族学	31	8.2	0.3	29
新闻学与传播学	164	45.7	3.6	256
图书馆、情报与文献学	192	55.8	2.6	155
教育学	2353	759.2	14.4	1674
统计学	85	46.1	20.4	75
心理学	230	50.0	4.0	224
体育科学	449	183.0	15.7	653
其他学科	44	13.4	5.8	167
二、按学校隶属关系分				
部委所属院校	3424	843.2	188.5	11606
天津市所属院校	9420	2818.1	185.2	10789

高等学校 R&D 课题情况（2022 年）

当年经费支出（万元）	基础研究				
	课题数（项）	当年投入人员（人年）	# 研究生	当年经费拨入（万元）	当年经费支出（万元）
19779	**5436**	**1323.4**	**112.0**	**7474**	**7179**
6742	723	206.6	28.5	1511	1375
821	608	164.7	22.2	557	649
197	104	26.3	3.2	188	187
33	5	1.0	0.3	17	24
0	2	0.4	0	0	0
667	562	131.3	6.4	612	428
314	191	36.1	3.0	292	271
191	125	28.9	1.5	106	139
1489	378	105.3	4.0	180	157
826	274	59.1	3.2	854	775
41	20	3.6	0	32	34
2960	519	116.3	11.4	1356	1368
791	199	36.2	1.8	501	549
1436	259	54.8	8.4	248	326
556	123	30.4	4.7	296	269
46	15	3.3	0	5	25
245	98	22.2	1.9	61	74
182	114	27.0	1.0	78	116
1571	847	192.4	3.3	310	267
22	11	8.8	1.8	0	1
141	107	18.1	1.0	21	19
387	139	46.9	3.4	197	91
121	13	3.7	1.0	52	34
11043	1805	414.2	73.3	4756	5289
8737	3631	909.2	38.7	2718	1889

表 6-18 人文、社会科学类

项　目	应用理论研究				
	课题数（项）	当年投入人员（人年）	# 研究生	当年经费拨入（万元）	当年经费支出（万元）
合计	**7378**	**2323.8**	**258.1**	**14916**	**12581**
一、按学科分					
管理学	2101	626.0	108.3	6045	5353
马克思主义	262	89.7	6.1	359	172
哲学	17	3.8	0.3	30	10
逻辑学	1	0.4	0.3	40	9
宗教学	0	0	0	0	0
语言学	281	92.8	6.4	378	239
中国文学	41	13.3	0.4	21	42
外国文学	68	19.9	0.8	111	52
艺术学	490	148.6	6.0	1351	1331
历史学	28	7.7	1.0	103	51
考古学	4	0.8	0.3	5	7
经济学	1071	276.7	41.3	1933	1591
政治学	104	22.1	2.2	265	241
法学	524	128.2	26.3	1499	1110
社会学	203	60.1	5.0	268	282
民族学	16	4.9	0.3	24	21
新闻学与传播学	66	23.5	1.7	195	171
图书馆、情报与文献学	78	28.8	1.6	77	66
教育学	1493	564.5	11.1	1363	1304
统计学	74	37.3	18.6	75	22
心理学	118	31.2	3.0	203	122
体育科学	307	133.8	12.3	456	295
其他学科	31	9.7	4.8	115	87
二、按学校隶属关系分					
部委所属院校	1616	427.2	115.2	6849	5751
天津市所属院校	5762	1896.6	142.9	8067	6830

高等学校 R&D 课题情况（2022 年）（续）

试验发展				
课题数（项）	当年投入人员（人年）	# 研究生	当年经费拨入（万元）	当年经费支出（万元）
30	**14.1**	**3.6**	**5**	**19**
3	1.5	0	0	14
0	0	0	0	0
0	0	0	0	0
0	0	0	0	0
0	0	0	0	0
0	0	0	0	0
0	0	0	0	0
0	0	0	0	0
2	2.6	0	0	1
0	0	0	0	0
0	0	0	0	0
1	0.8	0	1	1
0	0	0	0	0
0	0	0	0	0
3	3.9	3.6	3	4
0	0	0	0	0
0	0	0	0	0
0	0	0	0	0
13	2.3	0	1	0
0	0	0	0	0
5	0.7	0	0	0
3	2.3	0	0	0
0	0	0	0	0
3	1.8	0	1	2
27	12.3	3.6	4	17

表 6-19 人文、社会科学类高等学校

项目	课题数（项）	部委所属院校	天津市所属院校
合计	**12844**	**3424**	**9420**
国家社会科学基金项目	942	508	434
国家社会科学基金单列学科项目	66	10	56
教育部人文、社会科学研究项目	669	225	444
高校古籍整理研究项目	11	9	2
国家自然科学基金项目	276	201	75
中央其他部门社科专门项目	377	201	176
省、市、自治区社科项目	2264	473	1791
省教育厅社科项目	1054	111	943
地、市、厅、局等政府部门项目	1391	179	1212
国际合作项目	0	0	0
与港、澳、台合作研究项目	2	1	1
企、事业单位委托项目	3685	1072	2613
学校社科研究项目	2063	431	1632
外资项目	5	0	5
其他项目	39	3	36

R&D 课题按课题来源分布情况（2022 年）

当年投入人员（人年）	# 研究生	当年经费拨入（万元）	# 当年立项项目拨入经费	当年经费支出（万元）	当年新开课题数（项）	当年新开课题批准经费（万元）	当年完成课题数（项）
3661.3	**373.7**	**22395**	**16050**	**19779**	**2971**	**26162**	**2178**
318.6	62.7	3984	2901	3592	145	3909	61
21.6	3.7	233	199	256	18	373	8
237.9	33.8	1066	353	833	111	1089	73
1.7	0	18	10	19	1	10	2
112.5	32.5	2530	1110	1835	65	3192	33
107.2	13.8	1056	685	898	69	807	59
697.7	50.5	619	382	646	370	1344	284
299.9	8.8	376	306	222	252	655	144
445.7	44.7	387	279	420	371	483	353
0	0	0	0	0	0	0	0
0.2	0	0	0	3	0	0	0
851.8	102.5	11731	9575	10387	1027	13559	627
556.0	20.7	349	214	642	522	656	521
1.7	0	29	29	20	2	73	0
8.8	0	16	7	9	18	11	13

表 6-20 人文、社会科学类高等学校

项目	出版著作（部）	专著	#被译成外文	编著教材
合计	**463**	**272**	**9**	**185**
一、按学科分				
管理学	82	56	6	25
马克思主义	35	29	0	6
哲学	3	3	0	0
逻辑学	0	0	0	0
宗教学	1	0	0	1
语言学	35	10	1	25
中国文学	42	31	0	10
外国文学	7	4	0	3
艺术学	52	27	0	25
历史学	16	12	0	4
考古学	2	2	0	0
经济学	34	20	0	14
政治学	7	4	0	3
法学	29	16	1	13
社会学	8	6	0	2
民族学	0	0	0	0
新闻学与传播学	8	4	0	3
图书馆、情报与文献学	9	7	1	2
教育学	52	17	0	34
统计学	5	2	0	3
心理学	7	4	0	3
体育科学	26	17	0	9
其他学科	3	1	0	0
二、按学校隶属关系分				
部委所属院校	141	105	8	34
天津市所属院校	322	167	1	151

注：本表为本年度人文社科研究成果情况，包括科研项目和无依托项目研究成果。

研究成果情况（一）（2022 年）

			古籍整理（部）	译著（部）	发表译文（篇）
工具书、参考书	皮书 / 发展报告	科普读物			
3	**3**	**0**	**4**	**55**	**1**
0	1	0	0	5	0
0	0	0	0	1	0
0	0	0	1	5	0
0	0	0	0	0	0
0	0	0	0	0	0
0	0	0	0	6	0
0	1	0	3	2	1
0	0	0	0	25	0
0	0	0	0	1	0
0	0	0	0	4	0
0	0	0	0	0	0
0	0	0	0	0	0
0	0	0	0	1	0
0	0	0	0	1	0
0	0	0	0	1	0
0	0	0	0	0	0
1	0	0	0	0	0
0	0	0	0	0	0
1	0	0	0	0	0
0	0	0	0	1	0
0	0	0	0	0	0
0	0	0	0	2	0
1	1	0	0	0	0
1	1	0	4	16	1
2	2	0	0	39	0

表 6-20 人文、社会科学类高等学校

项 目	电子出版物（篇）	发表论文（篇）	#国内学术刊物
合计	**30**	**7355**	**6745**
一、按学科分			
管理学	0	1296	1053
马克思主义	23	602	600
哲学	0	97	83
逻辑学	0	13	11
宗教学	0	3	2
语言学	0	372	340
中国文学	0	266	262
外国文学	0	111	102
艺术学	0	581	571
历史学	0	253	244
考古学	0	23	23
经济学	0	887	812
政治学	0	268	264
法学	0	383	377
社会学	0	144	124
民族学	0	44	44
新闻学与传播学	7	134	132
图书馆、情报与文献学	0	155	140
教育学	0	1209	1109
统计学	0	36	36
心理学	0	102	73
体育科学	0	248	240
其他学科	0	128	103
二、按学校隶属关系分			
部委所属院校	7	2918	2521
天津市所属院校	23	4437	4224

研究成果情况（一）（2022 年）（续）

获奖成果数（项）	国家级奖	部级奖	省级奖	提交有关部门成果应用数（项）	# 被采纳数
0	**0**	**0**	**0**	**892**	**698**
0	0	0	0	197	131
0	0	0	0	31	21
0	0	0	0	0	0
0	0	0	0	0	0
0	0	0	0	0	0
0	0	0	0	28	14
0	0	0	0	1	1
0	0	0	0	0	0
0	0	0	0	42	32
0	0	0	0	3	3
0	0	0	0	0	0
0	0	0	0	98	75
0	0	0	0	98	93
0	0	0	0	53	39
0	0	0	0	29	27
0	0	0	0	3	3
0	0	0	0	9	8
0	0	0	0	5	2
0	0	0	0	235	217
0	0	0	0	5	1
0	0	0	0	3	1
0	0	0	0	32	11
0	0	0	0	20	19
0	0	0	0	236	204
0	0	0	0	656	494

表 6-21　人文、社会科学类高等学校

项　目	出版著作（部）	专著	# 被译成外文	编著教材	工具书、参考书	皮书 / 发展报告	科普读物
合计	**271**	**177**	**8**	**91**	**1**	**2**	**0**
一、按课题来源分							
国家社会科学基金项目	54	41	4	12	0	1	0
国家社会科学基金单列学科项目	3	2	0	1	0	0	0
教育部人文、社会科学研究项目	31	26	0	5	0	0	0
高校古籍整理研究项目	0	0	0	0	0	0	0
国家自然科学基金项目	28	25	4	3	0	0	0
中央其他部门社科专门项目	15	9	0	4	1	1	0
省、市、自治区社科项目	41	29	0	12	0	0	0
省教育厅社科项目	9	7	0	2	0	0	0
地、市、厅、局等政府部门项目	32	13	0	19	0	0	0
国际合作项目	0	0	0	0	0	0	0
与港、澳、台合作研究项目	0	0	0	0	0	0	0
企、事业单位委托项目	31	10	0	21	0	0	0
学校社科研究项目	24	15	0	9	0	0	0
外资项目	0	0	0	0	0	0	0
其他项目	3	0	0	3	0	0	0
二、按学校隶属关系分							
部委所属院校	82	57	7	25	0	0	0
天津市所属院校	189	120	1	66	1	2	0

注：本表为本年度列入学校社科计划课题的研究成果情况。

研究成果情况（二）（2022 年）

古籍整理（部）	译著（部）	发表译文（篇）	电子出版物（篇）	发表论文（篇）	# 国内学术刊物	提交有关部门成果应用数（项）	# 被采纳数
2	**19**	**0**	**7**	**5071**	**4601**	**758**	**569**
1	5	0	0	1393	1291	29	12
0	0	0	0	55	55	0	0
0	0	0	0	388	363	32	26
1	0	0	0	0	0	0	0
0	0	0	0	465	313	7	3
0	0	0	0	147	132	28	22
0	5	0	0	667	636	51	13
0	0	0	0	269	250	49	29
0	2	0	4	455	365	172	144
0	0	0	0	0	0	1	1
0	0	0	0	0	0	1	1
0	7	0	3	580	558	263	212
0	0	0	0	619	607	119	101
0	0	0	0	3	2	0	0
0	0	0	0	30	29	6	5
2	3	0	7	2317	2006	185	155
0	16	0	0	2754	2595	573	414

表 6-22 人文、社会科学类高等学校

项 目	校办学术会议（次）		参加学术会议	
	本校独办	与外单位合办	参加人次	提交论文（篇）
合计	**264**	**120**	**7869**	**1433**
一、按学术交流类别分				
国际学术交流	19	11	323	173
国内学术交流	245	109	7536	1251
与港、澳、台地区学校交流	0	0	10	9
二、按学校隶属关系分				
部委所属院校	91	77	1108	544
天津市所属院校	173	43	6761	889

学术交流情况（2022 年）

受聘讲学		社科考察		进修学习		合作研究		
派出人次	来校人次	派出人次	来校人次	派出人次	来校人次	派出人次	来校人次	课题数（项）
1040	**837**	**817**	**418**	**2622**	**2053**	**470**	**286**	**337**
18	209	7	0	28	17	12	7	9
1021	621	809	418	2594	2035	457	279	328
1	7	1	0	0	1	1	0	0
289	433	80	30	57	23	146	134	118
751	404	737	388	2565	2030	324	152	219

2023天津科技统计年鉴

第七部分

高技术产业

表 7-1　高技术产业主要指标情况（2018—2022 年）

国民经济行业	2018 年	2019 年	2020 年	2021 年	2022 年
生产经营情况					
企业单位数（个）	452	491	549	585	598
平均用工人数（人）	186944	178777	185898	186013	181952
营业收入（亿元）	2666.83	2720.16	2936.57	3339.49	3477.41
利润总额（亿元）	156.99	164.54	200.32	264.46	255.37
R&D 人员情况					
有 R&D 活动的企业数（个）	238	230	283	308	308
R&D 人员（人）	21036	16814	19386	24744	22745
# 全时人员	16891	13573	15763	19666	17705
# 研究人员	9375	7684	9082	10544	10198
R&D 人员折合全时当量（人年）	13550	11493	12365	15586	15758
R&D 经费情况					
R&D 经费内部支出（万元）	681069	524978	661557	816508	919945
1. 按经费类别分					
# 人员劳务费	275896	207033	260272	315573	329602
仪器和设备	74267	61692	59390	61040	93303
2. 按经费来源分					
# 政府资金	55674	21709	27581	19055	15604
企业资金	595068	503269	596844	767961	874354
R&D 经费外部支出（万元）	63137	108128	103938	116770	141092
新产品开发和销售情况					
新产品开发项目数（项）	2562	2870	3564	3972	4273
新产品开发经费（万元）	687001	625142	783510	855378	1036173
新产品销售收入（万元）	10844171	8238239	9441170	12964540	12893083
# 出口	5977714	3423528	3628647	5487329	4454006
专利情况					
专利申请数（件）	2459	3083	4459	4690	4705
# 发明专利	1069	1297	2315	2309	2309
有效发明专利数（件）	6504	5540	6731	7327	8372
企业办研发机构情况					
有研发机构的企业数（个）	86	85	105	122	124
机构数（个）	103	102	137	159	169
机构人员（人）	13425	12125	15197	15448	15898
机构经费支出（万元）	394569	412320	594801	726437	850970
# 仪器设备	541118	234883	318826	355064	399351

注：本年鉴第七部分数据来源于《中国高技术产业统计年鉴》。

表 7–2　高技术产业主要指标按企业规模、登记

国民经济行业	合　计	按企业规模分		按登记注册类型分
		# 大型企业	# 中型企业	内资企业
生产经营情况				
企业单位数（个）	598	34	82	430
平均用工人数（人）	181952	88177	45463	102604
营业收入（亿元）	3477.41	1880.92	727.43	1824.90
利润总额（亿元）	255.37	128.69	47.52	150.79
R&D 人员情况				
有 R&D 活动的企业数（个）	308	23	52	259
R&D 人员（人）	22745	10705	5456	16634
# 全时人员	17705	8462	4207	13510
# 研究人员	10198	4869	2526	7252
R&D 人员折合全时当量（人年）	15758	7867	3175	11701
R&D 经费情况				
R&D 经费内部支出（万元）	919945	453458	192828	703095
1. 按经费类别分				
# 人员劳务费	329602	143801	88346	263593
仪器和设备	93303	57650	16882	52255
2. 按经费来源分				
# 政府资金	15604	8087	3202	12122
企业资金	874354	415497	189611	667138
R&D 经费外部支出（万元）	141092	117707	9252	115240
新产品开发和销售情况				
新产品开发项目数（项）	4273	887	941	3621
新产品开发经费（万元）	1036173	481888	224086	772296
新产品销售收入（万元）	12893083	8297701	1680405	10162529
# 出口	4454006	3525173	584643	2540158
专利情况				
专利申请数（件）	4705	1093	1241	3834
# 发明专利	2309	764	589	1918
有效发明专利数（件）	8372	2779	1560	7071
企业办研发机构情况				
有研发机构的企业数（个）	124	17	33	102
机构数（个）	169	28	56	140
机构人员（人）	15898	8011	4030	13750
机构经费支出（万元）	850970	487815	158220	727998
# 仪器设备	399351	155656	116222	331188

注册类型和行业分布情况（2022 年）

		按行业分			
港澳台投资企业	外商投资企业	# 医药制造业	# 电子及通信设备制造业	# 计算机及办公设备制造业	# 医疗仪器设备及仪器仪表制造业
32	136	127	260	35	145
15653	63695	43679	92519	19769	17848
299.75	1352.76	705.64	1775.24	665.39	261.45
16.75	87.83	82.58	88.43	39.31	43.63
16	33	74	124	15	81
983	5128	6578	8991	3983	2213
767	3428	5343	6321	3532	1728
410	2536	3368	3916	1437	947
634	3423	4852	5871	2975	1355
42033	174817	246924	428610	146701	67666
18890	47119	73412	157640	58729	31922
9685	31363	27263	42509	18893	2075
35978	3482	4679	6880	279	262
39	171238	242244	415561	122605	67404
	25813	15401	43246		4179
				78081	
207	445	1129	1735	247	974
47768	216108	280124	459500	166197	96198
837279	1893275	2181198	6557941	3207527	804123
609252	1304596	372203	2067865	1645233	361063
90	781	712	2640	406	747
21	370	294	1432	269	194
259	1042	2393	3396	1124	998
10	12	39	45	8	27
12	17	57	59	10	33
701	1447	3345	6100	4328	1171
20518	102454	133985	416939	220629	48250
8393	59769	85287	201163	27612	25459

2023天津科技统计年鉴

第八部分

火炬统计调查

（一）国家高新技术企业

表 8-1　国家高新技术企业基本情况（2018—2022 年）

项　目	2018 年	2019 年	2020 年	2021 年	2022 年
纳入统计企业数（个）	**4889**	**6013**	**7348**	**9095**	**10715**
大型企业	143	154	267	180	184
中型企业	455	478	587	539	579
小型企业	2791	3294	3975	4617	5289
微型企业	1500	2087	2519	3759	4663
从业人员期末人数（人）	**603507**	**644967**	**693735**	**767362**	**794051**
大型企业	258164	268371	334304	314641	304888
中型企业	151582	159204	147306	174476	182590
小型企业	178350	196629	190803	244064	265282
微型企业	15411	20763	21322	34181	41291
营业收入（亿元）	**8817.12**	**10042.51**	**11483.60**	**13741.43**	**14489.85**
大型企业	4898.62	5683.01	7646.46	7733.70	7939.93
中型企业	2084.28	2255.51	1853.83	2838.03	2968.95
小型企业	1698.48	1954.29	1829.43	2911.57	3256.83
微型企业	135.74	149.70	153.87	258.13	324.14
工业总产值（亿元）	**4789.59**	**5461.23**	**6059.48**	**7739.10**	**8008.14**
大型企业	1813.56	2134.28	3316.26	3136.16	3192.27
中型企业	1492.27	1626.54	1250.10	2135.86	2103.05
小型企业	1371.47	1584.49	1390.01	2271.22	2464.89
微型企业	112.30	115.91	103.10	195.86	247.93
年末资产总计（亿元）	**14896.80**	**16794.95**	**17914.61**	**20095.05**	**22301.20**
大型企业	8641.81	9508.13	11563.47	11401.49	12467.96
中型企业	3340.97	3534.54	3336.28	4394.04	4954.63
小型企业	2644.33	2831.13	2725.57	3897.60	4399.82
微型企业	269.68	921.15	289.29	401.93	478.79
净利润（亿元）	**407.70**	**456.05**	**511.92**	**612.39**	**562.96**
大型企业	227.53	265.04	335.29	332.11	291.16
中型企业	122.59	124.12	95.93	151.16	142.37
小型企业	62.20	74.74	75.00	126.55	129.46
微型企业	−4.62	−7.85	5.70	2.57	−0.04
实际上缴税费总额（亿元）	**334.75**	**315.07**	**334.60**	**369.30**	**388.75**
大型企业	157.87	152.40	180.72	183.77	188.47
中型企业	95.01	80.42	79.01	89.30	100.77
小型企业	77.87	77.73	70.60	89.97	92.16
微型企业	4.01	4.53	4.27	6.27	7.35
出口总额（亿元）	**856.75**	**878.74**	**828.66**	**908.84**	**922.91**
大型企业	581.13	588.09	602.58	516.73	477.04
中型企业	134.55	137.90	113.52	212.78	226.22
小型企业	137.94	146.69	109.56	173.94	214.27
微型企业	3.14	6.06	2.99	5.40	5.38

表 8-2 国家高新技术企业

项 目	纳入统计企业数（个）	营业收入（万元）	# 技术收入	# 产品销售收入	# 高新技术产品
合计	**10715**	**144898519**	**23226656**	**113281416**	**93479582**
一、按企业规模分					
大型	184	79399282	17308804	56660390	45304815
中型	579	29689486	3549910	24800290	20840392
小型	5289	32568315	2077838	29026756	24945238
微型	4663	3241435	290103	2793980	2389138
二、按国民经济行业分					
农、林、牧、渔业	**62**	**310158**	**20222**	**287232**	**270105**
农业	24	64286	1447	62449	59468
林业	2	30222	0	30197	20091
畜牧业	8	58624	8	58129	56661
渔业	8	13617	8	13217	12128
农、林、牧、渔专业及辅助性活动	20	143409	18758	123240	121756
采矿业	**24**	**3753413**	**1196955**	**2338096**	**2040502**
煤炭开采和洗选业	3	13906	0	12955	12900
石油和天然气开采业	7	2486132	611449	1809663	1560121
非金属矿采选业	3	448723	0	310954	303627
开采专业及辅助活动与其他采矿业	11	804652	585506	204524	163854
制造业	**5597**	**79158728**	**847055**	**75158990**	**63816275**
农副食品加工业	45	652525	32	638108	499331
食品制造业	60	524955	388	510971	460774
酒、饮料和精制茶制造业	5	91801	0	91703	90460
纺织业	34	231451	390	227607	207927
纺织服装、服饰业	8	30581	0	30562	24378
皮革、毛皮、羽毛及其制品和制鞋业	7	64932	0	64531	56059
木材加工和木、竹、藤、棕、草制品业	26	99962	2	97918	86316
家具制造业	22	401372	0	387843	334492
造纸和纸制品业	84	1220681	263	1193497	1149372
印刷和记录媒介复制业	61	424541	264	412665	355847
文教、工美、体育和娱乐用品制造业	56	248368	864	237492	193253
石油、煤炭及其他燃料加工业	28	277929	2243	248770	147089
化学原料和化学制品制造业	281	5972731	79653	5647157	4842514
医药制造业	147	3209934	228283	2876457	2628171
化学纤维制造业	5	19268	1083	18062	15823
橡胶和塑料制品业	325	2292583	2420	2229170	1909450
非金属矿物制品业	168	1886852	24557	1778340	1584815
黑色金属冶炼和压延加工业	130	11616756	7188	11208939	8961527
有色金属冶炼和压延加工业	61	2489243	257	2203154	1983580

主要经济指标（2022 年）

工业总产值（万元）	净利润（万元）	实际上缴税费总额（万元）	# 所得税	年末资产总计（万元）	出口总额（万元）
80081396	**5629574**	**3887460**	**941497**	**223011999**	**9229106**
31922697	2911617	1884712	478147	124679609	4770393
21030508	1423726	1007714	272278	49546265	2262198
24648925	1294600	921569	182088	43998183	2142673
2479266	−370	73465	8984	4787942	53842
0	**2247**	**5207**	**791**	**1085014**	**490**
0	2978	1237	659	118222	0
0	113	1881	93	334671	0
0	−4696	198	0	151718	28
0	1665	758	33	56153	0
0	2187	1133	7	424250	462
3542960	**62673**	**116784**	**2409**	**10149005**	**28156**
12976	2719	1460	171	86601	0
2468985	11036	45865	4	4822446	3920
255589	27379	32088	32	4462118	9693
805409	21538	37371	2202	777840	14543
73740744	**3434871**	**2131243**	**510575**	**106013395**	**8464744**
619361	60057	13722	8171	514217	58594
471480	7650	11434	1760	1117022	94564
94248	18060	7354	2861	90223	1151
235257	20297	11436	2795	312061	12007
35884	209	1391	136	65208	0
60288	−1230	3300	84	39617	37200
89190	4	2093	241	153083	3690
377787	18047	17287	2049	430630	40351
1163008	23649	43687	6200	1267947	16905
412316	−1629	15127	1548	560714	5351
224369	15426	11163	1522	427886	85823
269526	8944	17341	48	278146	3079
5125410	293988	189834	31732	8760932	395272
3035256	408709	252245	54415	9992673	429534
18003	2000	378	6	13292	1299
2021988	112581	72361	14790	2962160	62250
1688484	28007	69222	11738	2971003	103555
11663979	2500	120060	24439	7576303	86281
2269612	−215459	21837	2803	7689086	394162

项　目	纳入统计企业数（个）	营业收入（万元）	# 技术收入	# 产品销售收入	# 高新技术产品
金属制品业	533	6462386	43198	6174854	4661977
通用设备制造业	1079	5664470	51752	5494241	4716682
专用设备制造业	760	6375532	93701	6086244	5341348
汽车制造业	240	4444877	15411	4247422	3675941
铁路、船舶、航空航天和其他运输设备制造业	203	4378749	20768	4276119	3381547
电气机械和器材制造业	410	7876310	120555	7335035	6043564
计算机、通信和其他电子设备制造业	249	9684509	65923	9148689	8487841
仪器仪表制造业	413	1139130	39265	1049323	890925
其他制造业	80	1092918	1264	1016204	866505
废弃资源综合利用业	13	87875	401	86442	84196
金属制品、机械和设备修理业	64	195510	46929	141472	134571
电力、热力、燃气及水生产和供应业	**85**	**2611198**	**152405**	**2296862**	**2168180**
电力、热力生产和供应业	57	2020344	106405	1791746	1691124
燃气生产和供应业	3	340765	44978	292401	265822
水的生产和供应业	25	250089	1022	212715	211235
建筑业	**348**	**31472802**	**6200246**	**22709679**	**16439983**
房屋建筑业	65	10077092	850860	8772030	6751332
土木工程建筑业	127	18606905	4994354	11583734	7964051
建筑安装业	114	2522385	301118	2149979	1561352
建筑装饰、装修和其他建筑业	42	266421	53914	203936	163248
批发和零售业	**111**	**293704**	**14602**	**254845**	**180091**
批发业	91	240175	13064	207246	135682
零售业	20	53529	1538	47599	44409
交通运输、仓储和邮政业	**43**	**565269**	**38300**	**501880**	**425601**
铁路运输业	2	10039	882	0	0
道路运输业	17	102046	6507	94519	76889
水上运输业	7	142066	14322	127743	120913
航空运输业	5	3731	1318	459	459
多式联运和运输代理业	4	78542	1444	77098	66512
装卸搬运和仓储业与邮政业	8	228845	13827	202060	160828
信息传输、软件和信息技术服务业	**2211**	**6634661**	**3731795**	**2310542**	**2070955**
电信、广播电视和卫星传输服务	36	458302	160858	95970	95013
互联网和相关服务	181	1579521	1334543	220576	213078
软件和信息技术服务业	1994	4596838	2236394	1993996	1762864
金融业与房地产业	**3**	**19023**	**18038**	**341**	**341**
租赁和商务服务业	**37**	**185075**	**79863**	**101046**	**85775**
租赁业	7	26898	15681	10259	9890
商务服务业	30	158177	64182	90786	75886

续表

工业总产值（万元）	净利润（万元）	实际上缴税费总额（万元）		年末资产总计（万元）	出口总额（万元）
			# 所得税		
5998749	100185	106775	11415	4927685	396907
5392809	308331	216665	56162	6595942	461875
6083323	578351	299703	87956	11857332	1128258
4206769	186251	120340	30029	5247612	735244
4157688	226223	97498	21672	5562122	407184
6133098	286330	157995	41408	9269748	380763
9604122	845247	173101	83752	13722163	3008517
1119983	97216	43529	7225	1916747	54366
895318	−7477	20044	1566	1222399	39980
77740	−4923	3141	134	167776	0
195698	17325	11180	1919	301665	20582
2488177	**−167291**	**97013**	**14370**	**6147414**	**0**
1938201	−216146	54614	9048	4852537	0
336282	22302	6542	2468	436023	0
213694	26553	35857	2854	858854	0
112232	**545810**	**533637**	**102824**	**50153569**	**120339**
91497	111884	147150	24354	14959992	0
13837	359678	296060	65326	31955197	14711
6898	57928	79819	8907	2839990	105629
0	16320	10608	4236	398389	0
2700	**−34229**	**7144**	**714**	**447496**	**18426**
1762	5402	6703	708	330887	15287
938	−39631	441	6	116610	3138
203	**27527**	**15590**	**8864**	**1342399**	**7**
0	51	6	0	9451	0
0	−624	1700	433	195371	7
0	14642	5635	3712	253411	0
0	−604	154	9	6135	0
0	−158	107	13	8974	0
203	14221	7987	4697	869056	0
35969	**366224**	**305310**	**91332**	**17810499**	**131984**
30998	26398	15775	4513	661851	59207
98	45216	53446	23387	6340200	2310
4873	294610	236089	63432	10808448	70466
0	**10601**	**2729**	**2081**	**111378**	**0**
0	**11118**	**11840**	**2159**	**453426**	**0**
0	2346	327	1	63637	0
0	8771	11513	2158	389790	0

项　目	纳入统计企业数（个）	营业收入（万元）	# 技术收入	# 产品销售收入	# 高新技术产品
科学研究和技术服务业	**1955**	**18773194**	**10619806**	**6571359**	**5271872**
研究和试验发展	261	1155562	763114	369704	241953
专业技术服务业	854	16389429	9641341	5263623	4212513
科技推广和应用服务业	840	1228202	215350	938032	817406
水利、环境和公共设施管理业	**166**	**533506**	**175080**	**337956**	**297927**
水利管理业	13	13188	9790	3398	3397
生态保护和环境治理业	141	415446	98277	296740	259536
公共设施管理业	12	104871	67013	37818	34994
居民服务、修理和其他服务业	**34**	**81520**	**13579**	**66955**	**66342**
居民服务业	3	1223	429	794	794
机动车、电子产品和日用产品修理业	4	918	549	368	368
其他服务业	27	79379	12601	65793	65179
教育	**7**	**62298**	**58595**	**134**	**134**
卫生和社会工作	**9**	**94581**	**43904**	**49937**	**49937**
文化、体育和娱乐业	**23**	**349389**	**16211**	**295562**	**295562**
广播、电视、电影和录音制作业	10	274447	7855	229190	229190
文化艺术业	10	74642	8228	66237	66237
体育与娱乐业	3	300	128	135	135
三、按行政区划分①					
和平区	171	944427	194885	727845	533643
河东区	157	2309621	598455	1525819	1136617
河西区	190	4273204	2092853	1314497	1155968
南开区	450	2827041	1049883	1498261	1130533
河北区	117	1014925	258689	689647	497028
红桥区	119	1074134	315782	744539	579587
东丽区	543	6866747	545156	6143750	4734674
西青区	887	7356484	339729	6842071	5279107
津南区	872	5203868	65215	4919851	4007704
北辰区	659	9029474	340576	8396426	7416938
武清区	919	9055481	409737	8156187	7047056
宝坻区	308	4318428	73874	3965416	3598831
滨海新区	4567	76344049	16847976	54552769	44952581
# 开发区	906	18084773	3669092	13213324	11494727
保税区	583	27303806	7711589	17833283	14491936
高新区	2202	17418129	3946448	11938461	9770101
宁河区	150	4076480	17515	3995255	3577820
静海区	517	9466776	48336	9114945	7206235
蓟州区	89	737378	27995	694139	625261

注：①本年鉴第八部分高新技术企业按行政区划分均根据其认定所在行政区划分。

续表

工业总产值（万元）	净利润（万元）	实际上缴税费总额（万元）		年末资产总计（万元）	出口总额（万元）
			# 所得税		
156764	**1240801**	**619650**	**187277**	**27103342**	**462343**
106733	97415	41128	17120	2328242	245725
18580	1097856	546071	161080	22773178	174692
31451	45529	32451	9077	2001921	41926
1647	**73535**	**26181**	**10083**	**1511576**	**42**
0	161	534	4	23514	0
1020	53451	18494	6687	719035	42
627	19923	7153	3391	769027	0
0	**-377**	**1702**	**237**	**88295**	**229**
0	129	14	2	977	0
0	−22	26	2	2071	0
0	−484	1662	233	85246	229
0	**3523**	**1906**	**1134**	**52145**	**0**
0	**13112**	**1802**	**1014**	**141377**	**537**
0	**39429**	**9721**	**5633**	**401670**	**1810**
0	24919	7420	4591	262527	1810
0	14492	2300	1041	138199	0
0	18	1	1	944	0
42192	14993	27949	3187	1341350	494
304512	56607	51616	7436	2479483	4960
372778	169467	83741	19424	8878444	19004
957042	271913	155064	46293	4497069	528860
118554	33781	29533	5009	2053608	4420
361721	85669	21468	1831	2043037	3779
5325825	181547	208441	38254	10350873	318909
6060807	347387	236797	65046	10339121	665918
4681781	256232	115809	25669	6557876	139197
6944478	567743	319067	70656	12426709	354218
6494653	89666	248170	51995	17047295	1192907
3014386	111308	92597	16208	4843875	169896
32165810	3250786	2043125	541027	130759822	5443839
12507329	958191	537046	178820	32070469	3617383
7260521	970696	546678	98826	41206118	575473
7492084	993237	591654	196190	33886103	777969
3869939	15741	85300	12606	3196251	37674
8800121	169832	145375	34828	5191256	341366
566797	6902	23410	2026	1005929	3666

表 8-3 国家高新技术企业从业人员情况（2022 年）

单位：人

项 目	从业人员期末人数	# 留学归国人员	# 外籍常驻人员	# 本科及以上人员	# 中层及以上管理人员
合计	**794051**	**2801**	**390**	**332946**	**73147**
一、按企业规模分					
大型	304888	1567	67	157916	18553
中型	182590	514	97	70461	15135
小型	265282	550	204	88406	32125
微型	41291	170	22	16163	7334
二、按国民经济行业分					
农、林、牧、渔业	**3523**	**7**	**1**	**855**	**340**
农业	855	1	0	194	123
林业	131	0	0	101	17
畜牧业	552	2	1	111	55
渔业	127	0	0	37	20
农、林、牧、渔专业及辅助性活动	1858	4	0	412	125
采矿业	**30256**	**55**	**0**	**12431**	**771**
煤炭开采和洗选业	367	0	0	88	53
石油和天然气开采业	21974	54	0	9400	345
非金属矿采选业	4050	0	0	977	187
开采专业及辅助活动与其他采矿业	3865	1	0	1966	186
制造业	**473477**	**830**	**312**	**132430**	**40096**
农副食品加工业	3586	5	8	1027	457
食品制造业	5372	6	3	1221	508
酒、饮料和精制茶制造业	629	0	0	146	43
纺织业	3404	0	0	532	376
纺织服装、服饰业	666	0	0	89	49
皮革、毛皮、羽毛及其制品和制鞋业	1560	0	0	97	123
木材加工和木、竹、藤、棕、草制品业	982	0	2	172	112
家具制造业	7790	0	0	625	310
造纸和纸制品业	6257	3	2	987	522
印刷和记录媒介复制业	5704	2	0	792	565
文教、工美、体育和娱乐用品制造业	4072	8	0	578	397
石油、煤炭及其他燃料加工业	2572	2	1	782	283
化学原料和化学制品制造业	21778	43	9	7682	2101
医药制造业	34617	202	43	18154	3027
化学纤维制造业	129	2	0	44	14
橡胶和塑料制品业	19889	9	16	3327	1964

续表

项　目	从业人员期末人数	# 留学归国人员	# 外籍常驻人员	# 本科及以上人员	# 中层及以上管理人员
非金属矿物制品业	14840	8	2	3166	1324
黑色金属冶炼和压延加工业	26201	3	8	2886	1266
有色金属冶炼和压延加工业	6729	18	0	1190	368
金属制品业	34107	70	40	5067	3049
通用设备制造业	52640	95	27	14380	5198
专用设备制造业	51540	91	41	17233	5159
汽车制造业	38330	31	50	7254	2585
铁路、船舶、航空航天和其他运输设备制造业	26096	33	0	7726	1941
电气机械和器材制造业	36131	58	19	10943	2917
计算机、通信和其他电子设备制造业	43004	95	33	16944	2698
仪器仪表制造业	16069	33	2	7201	1856
其他制造业	4477	10	4	1106	433
废弃资源综合利用业	490	1	0	139	74
金属制品、机械和设备修理业	3816	2	2	940	377
电力、热力、燃气及水生产和供应业	**8363**	**35**	**0**	**4390**	**1291**
电力、热力生产和供应业	5807	22	0	3352	760
燃气生产和供应业	893	2	0	432	103
水的生产和供应业	1663	11	0	606	428
建筑业	**85551**	**107**	**10**	**52885**	**10158**
房屋建筑业	19043	9	0	11960	1777
土木工程建筑业	52682	85	0	34168	6582
建筑安装业	12073	11	10	6175	1559
建筑装饰、装修和其他建筑业	1753	2	0	582	240
批发和零售业	**2497**	**15**	**1**	**1058**	**386**
批发业	2089	8	0	792	299
零售业	408	7	1	266	87
交通运输、仓储和邮政业	**3625**	**11**	**0**	**1515**	**406**
铁路运输业	30	0	0	17	6
道路运输业	617	0	0	204	85
水上运输业	898	1	0	297	91
航空运输业	68	1	0	39	14
多式联运和运输代理业	125	0	0	48	8
装卸搬运和仓储业与邮政业	1887	9	0	910	202
信息传输、软件和信息技术服务业	**67378**	**573**	**22**	**45149**	**7548**
电信、广播电视和卫星传输服务	1565	1	0	1218	117

续表

项　目	从业人员期末人数	# 留学归国人员	# 外籍常驻人员	# 本科及以上人员	# 中层及以上管理人员
互联网和相关服务	7211	54	1	3861	789
软件和信息技术服务业	58602	518	21	40070	6642
金融业与房地产业	**86**	**3**	**0**	**62**	**16**
租赁和商务服务业	**1149**	**17**	**0**	**515**	**197**
租赁业	259	0	0	56	42
商务服务业	890	17	0	459	155
科学研究和技术服务业	**110081**	**1076**	**39**	**77736**	**10949**
研究和试验发展	17622	147	13	13496	1570
专业技术服务业	77982	862	19	56963	7370
科技推广和应用服务业	14477	67	7	7277	2009
水利、环境和公共设施管理业	**5210**	**13**	**1**	**1986**	**623**
水利管理业	163	0	0	96	34
生态保护和环境治理业	3589	13	1	1676	508
公共设施管理业	1458	0	0	214	81
居民服务、修理和其他服务业	**774**	**6**	**2**	**395**	**127**
居民服务业	40	2	0	14	3
机动车、电子产品和日用产品修理业	44	0	0	17	7
其他服务业	690	4	2	364	117
教育	**413**	**23**	**2**	**350**	**41**
卫生和社会工作	**839**	**9**	**0**	**529**	**76**
文化、体育和娱乐业	**829**	**21**	**0**	**660**	**122**
广播、电视、电影和录音制作业	682	21	0	587	92
文化艺术业	120	0	0	68	23
体育与娱乐业	27	0	0	5	7
三、按行政区划分					
和平区	7593	41	1	5502	866
河东区	10664	32	0	5844	1643
河西区	20348	169	1	15214	1938
南开区	22558	169	1	14392	2613
河北区	7265	4	1	4015	1046
红桥区	8067	37	2	5599	835
东丽区	40548	82	26	13534	3562
西青区	54747	141	41	18461	5169
津南区	36863	48	6	10240	4111
北辰区	51798	149	23	16964	4597
武清区	65965	123	46	18551	6077

续表

项 目	从业人员期末人数	# 留学归国人员	# 外籍常驻人员	# 本科及以上人员	# 中层及以上管理人员
宝坻区	29344	17	5	4482	2563
滨海新区	371902	1766	231	191216	32973
# 开发区	118443	652	132	58010	8447
保税区	86744	431	19	46756	6264
高新区	109490	499	63	62161	12141
宁河区	16462	6	1	2158	933
静海区	42945	15	5	5513	3594
蓟州区	6982	2	0	1261	627

表 8-4 国家高新技术企业研究

项 目	研究开发费用合计	人员人工费用	直接投入费用	折旧费用与长期待摊费用	无形资产摊销费用
合计	**7340168**	**2665370**	**3251458**	**307330**	**50225**
一、按企业规模分					
大型	3537032	1022164	1800864	114723	9027
中型	1639958	700043	580397	91009	17866
小型	1909334	818203	775531	92589	21326
微型	253844	124960	94666	9010	2006
二、按国民经济行业分					
农、林、牧、渔业	**15548**	**6471**	**7600**	**872**	**37**
农业	4112	1407	2315	200	36
林业	1574	1109	263	38	0
畜牧业	3305	716	1923	538	0
渔业	739	242	445	36	0
农、林、牧、渔专业及辅助性活动	5818	2998	2654	59	1
采矿业	**153864**	**38585**	**56043**	**4318**	**26**
煤炭开采和洗选业	776	477	281	0	0
石油和天然气开采业	97925	19005	28475	1693	8
非金属矿采选业	15728	5780	7328	1204	0
开采专业及辅助活动与其他采矿业	39435	13323	19958	1421	18
制造业	**3994048**	**1279443**	**1956886**	**196733**	**34279**
农副食品加工业	26530	10367	13251	1589	5
食品制造业	25577	8277	13878	1125	6
酒、饮料和精制茶制造业	3192	885	2136	64	0
纺织业	10071	3851	5038	651	0
纺织服装、服饰业	1681	1128	475	40	2
皮革、毛皮、羽毛及其制品和制鞋业	2987	993	1841	148	0
木材加工和木、竹、藤、棕、草制品业	4937	1236	3324	280	0
家具制造业	15967	9930	4952	644	6
造纸和纸制品业	46821	14002	30509	1588	23
印刷和记录媒介复制业	20022	8469	7860	2133	1231
文教、工美、体育和娱乐用品制造业	13831	6174	6439	397	37
石油、煤炭及其他燃料加工业	14825	5017	8962	454	1
化学原料和化学制品制造业	256975	77643	130390	21001	673
医药制造业	311913	96253	69092	15069	2930
化学纤维制造业	1111	469	433	47	16
橡胶和塑料制品业	101993	37337	52891	7171	170
非金属矿物制品业	86284	29751	47277	5964	36
黑色金属冶炼和压延加工业	411229	32622	365505	8654	36
有色金属冶炼和压延加工业	76698	7915	65536	2691	19
金属制品业	248443	62955	164898	12278	710

开发活动经费情况（2022 年）

单位：万元

设计费用	装备调试费用与试验费用	委托外部研究开发费用	其他费用	当年形成用于研究开发的固定资产	# 仪器和设备
73088	**189800**	**585995**	**216901**	**364709**	**310011**
25657	105722	351867	107008	182291	156046
24727	40975	119907	65033	122023	102305
20234	41440	98589	41423	58891	50587
2470	1662	15632	3436	1504	1072
14	**64**	**201**	**290**	**28**	**28**
0	29	68	58	10	10
13	0	133	17	2	2
0	35	0	93	0	0
1	0	0	16	0	0
0	0	0	106	16	16
1258	**24654**	**11524**	**17456**	**7827**	**5489**
15	0	0	3	22	22
60	22966	8593	17124	6081	4191
768	0	535	112	180	180
415	1688	2396	217	1544	1096
28983	**131888**	**261713**	**104123**	**241765**	**192468**
5	243	43	1026	128	124
46	920	497	829	229	191
1	0	20	86	2	2
8	0	65	458	54	54
0	18	0	18	0	0
0	0	2	4	0	0
0	64	3	30	0	0
279	0	90	68	42	42
301	12	39	347	74	74
92	84	0	154	999	653
6	530	14	233	871	734
12	187	0	192	510	161
270	7418	13589	5991	10763	9427
1316	93287	19949	14017	40639	28395
2	0	139	5	0	0
879	624	1590	1332	5565	3973
200	1360	58	1638	9181	8659
16	268	296	3831	7971	7330
15	0	6	516	772	772
1360	1984	1623	2634	9471	9288

项　目	研究开发费用合计	人员人工费用	直接投入费用	折旧费用与长期待摊费用	无形资产摊销费用
通用设备制造业	293284	137165	122804	12871	2024
专用设备制造业	367030	174656	130550	15355	4708
汽车制造业	245520	96007	90421	19151	823
铁路、船舶、航空航天和其他运输设备制造业	251741	78030	126227	9043	1800
电气机械和器材制造业	331944	103401	194744	13120	1061
计算机、通信和其他电子设备制造业	679028	206033	239829	38674	16523
仪器仪表制造业	83811	46663	24461	2579	1354
其他制造业	46034	13676	28103	3432	24
废弃资源综合利用业	3426	1406	1663	108	62
金属制品、机械和设备修理业	11145	7133	3397	408	0
电力、热力、燃气及水生产和供应业	**101476**	**37311**	**40145**	**10524**	**201**
电力、热力生产和供应业	79764	25299	34732	6639	144
燃气生产和供应业	10983	4458	2953	3404	5
水的生产和供应业	10729	7553	2459	481	52
建筑业	**1101779**	**209151**	**829350**	**11283**	**330**
房屋建筑业	347718	51735	292829	1870	6
土木工程建筑业	647570	114035	480557	8284	250
建筑安装业	96219	37919	51615	1019	58
建筑装饰、装修和其他建筑业	10273	5462	4349	110	16
批发和零售业	**15982**	**10865**	**4330**	**168**	**157**
批发业	10278	5629	4036	165	157
零售业	5704	5236	294	3	0
交通运输、仓储和邮政业	**20145**	**12532**	**5387**	**1703**	**50**
铁路运输业	344	119	225	0	0
道路运输业	4448	2423	1086	809	11
水上运输业	4122	2014	1964	113	0
航空运输业	510	325	165	19	0
多式联运和运输代理业	2032	852	1121	2	0
装卸搬运和仓储业与邮政业	8689	6800	826	760	39
信息传输、软件和信息技术服务业	**855022**	**562923**	**75017**	**20693**	**9244**
电信、广播电视和卫星传输服务	19763	10664	3669	1116	61
互联网和相关服务	108575	69568	5973	4914	614
软件和信息技术服务业	726684	482691	65375	14663	8569
金融业与房地产业	**1619**	**1278**	**6**	**0**	**0**
租赁和商务服务业	**7840**	**3723**	**2241**	**660**	**139**
租赁业	1744	1008	475	209	0
商务服务业	6096	2715	1766	451	139
科学研究和技术服务业	**1002129**	**474930**	**259022**	**58306**	**5431**
研究和试验发展	195247	82363	62906	12298	1181

续表

设计费用	装备调试费用与试验费用	委托外部研究开发费用	其他费用	当年形成用于研究开发的固定资产	# 仪器和设备
1521	1721	5810	9367	16501	16096
7312	5653	17105	11690	36452	20185
3184	4172	26287	5476	11416	5266
6761	2095	15685	12099	11557	6979
1308	3538	6003	8770	18426	18239
1871	6497	149129	20473	51954	51283
2133	1037	3339	2244	3345	3169
64	124	233	377	4405	1134
5	46	94	42	5	3
17	9	6	175	433	236
428	**9914**	**1738**	**1214**	**948**	**948**
428	9908	1639	974	901	901
0	0	0	162	0	0
0	6	99	78	47	47
3406	**5257**	**17840**	**25161**	**5224**	**5134**
101	131	144	902	1545	1528
1478	4902	16479	21585	3566	3541
1799	190	1186	2433	112	65
28	35	32	241	2	0
124	**47**	**94**	**197**	**3**	**3**
30	47	40	175	3	3
94	0	54	23	0	0
29	**17**	**139**	**288**	**0**	**0**
0	0	0	0	0	0
0	16	77	25	0	0
0	0	0	30	0	0
0	0	0	1	0	0
0	0	54	3	0	0
29	0	9	228	0	0
15878	**5924**	**118238**	**47105**	**23242**	**22350**
0	2553	957	742	0	0
172	49	4641	22644	8044	8043
15706	3322	112640	23719	15198	14307
0	**0**	**336**	**0**	**0**	**0**
4	**7**	**939**	**127**	**130**	**6**
1	7	0	44	130	6
3	0	939	83	0	0
21366	**11453**	**152087**	**19534**	**83985**	**82084**
1339	9294	18602	7264	26167	25584

项　目	研究开发费用合计	人员人工费用	直接投入费用	折旧费用与长期待摊费用	无形资产摊销费用
专业技术服务业	710477	341684	162904	41248	3648
科技推广和应用服务业	96406	50883	33212	4760	603
水利、环境和公共设施管理业	**30026**	**16244**	**8240**	**1426**	**194**
水利管理业	799	675	106	15	0
生态保护和环境治理业	24582	13738	6119	1076	194
公共设施管理业	4645	1830	2015	335	0
居民服务、修理和其他服务业	**3845**	**1472**	**2225**	**19**	**0**
居民服务业	163	44	103	16	0
机动车、电子产品和日用产品修理业	234	181	43	0	0
其他服务业	3447	1247	2079	3	0
教育	**13077**	**105**	**626**	**16**	**72**
卫生和社会工作	**6535**	**2014**	**3380**	**603**	**31**
文化、体育和娱乐业	**17233**	**8324**	**961**	**7**	**33**
广播、电视、电影和录音制作业	12864	7532	894	7	0
文化艺术业	4254	709	67	0	33
体育与娱乐业	115	83	0	0	0
三、按行政区划分					
和平区	46750	28029	14819	908	74
河东区	91337	35946	52426	1277	5
河西区	191804	91498	76806	1688	298
南开区	181841	90684	66808	6153	1079
河北区	50856	18576	28139	1155	163
红桥区	65204	28512	23285	4217	97
东丽区	328239	99367	192491	16464	1243
西青区	372904	143586	150304	21288	1311
津南区	245696	82918	138368	11117	1144
北辰区	419411	152048	188655	15356	7350
武清区	484638	196057	193687	17166	2620
宝坻区	176629	51629	110686	7454	364
滨海新区	4174071	1529767	1668739	180015	34264
# 开发区	1128574	433894	364468	42230	9792
保税区	1199731	324141	609190	44365	4867
高新区	1224730	543279	387438	69490	17989
宁河区	153320	22315	125975	3368	37
静海区	324972	81227	204396	18010	168
蓟州区	32495	13212	15873	1696	10

续表

设计费用	装备调试费用与试验费用	委托外部研究开发费用	其他费用	当年形成用于研究开发的固定资产	# 仪器和设备
19414	1543	129945	10092	51374	50752
613	616	3540	2178	6444	5748
474	**544**	**2094**	**810**	**216**	**164**
0	0	0	3	24	24
474	537	1807	637	178	126
0	7	287	170	14	14
3	**0**	**40**	**85**	**4**	**0**
0	0	0	0	0	0
0	0	0	10	0	0
3	0	40	75	4	0
0	**0**	**12257**	**1**	**0**	**0**
0	**30**	**0**	**476**	**2**	**2**
1120	**0**	**6755**	**34**	**1334**	**1334**
0	0	4431	0	1334	1334
1120	0	2323	2	0	0
0	0	0	32	0	0
1239	277	1042	362	343	335
317	120	328	918	1078	1078
545	1727	11257	7986	7675	7113
1941	413	9625	5137	5277	4949
5	173	1279	1367	699	636
884	1315	5557	1335	5304	5293
838	3397	8377	6062	17454	16854
3797	8980	32942	10697	25439	24403
4478	426	3535	3711	11627	10250
5375	26904	9559	14164	41433	24773
10941	7687	42344	14137	10235	7640
729	1247	1912	2608	7189	3962
37592	134028	449998	139669	212014	188588
5193	84909	139885	48202	108704	88004
23398	22309	140793	30667	24500	23454
3587	17432	133526	51989	72642	71541
147	131	540	807	1857	1857
4155	1975	7433	7609	16815	12207
105	1001	267	332	270	72

表 8-5　国家高新技术企业研究开发项目情况（2022 年）

项　目	项目数（项）	参加项目人员（人）	项目人员折合全时当量（人年）	项目经费内部支出（万元）
合计	**60413**	**402000**	**162498**	**6910580**
一、按企业规模分				
大型	9742	121609	53716	3254008
中型	7443	74311	34144	1583426
小型	27249	159754	59722	1829335
微型	15979	46326	14914	243811
二、按国民经济行业分				
农、林、牧、渔业	**245**	**1483**	**630**	**15250**
农业	92	348	157	4014
林业	13	89	56	1572
畜牧业	34	179	92	3147
渔业	28	95	33	735
农、林、牧、渔专业及辅助性活动	78	772	292	5782
采矿业	**834**	**6178**	**2403**	**150601**
煤炭开采和洗选业	11	73	42	776
石油和天然气开采业	528	3851	1279	94725
非金属矿采选业	78	505	407	15667
开采专业及辅助活动与其他采矿业	217	1749	674	39433
制造业	**31666**	**217685**	**88489**	**3815060**
农副食品加工业	263	1289	707	26486
食品制造业	375	2276	923	25514
酒、饮料和精制茶制造业	32	150	65	3173
纺织业	176	1281	434	10068
纺织服装、服饰业	34	180	82	1654
皮革、毛皮、羽毛及其制品和制鞋业	41	328	147	2987
木材加工和木、竹、藤、棕、草制品业	107	376	178	4901
家具制造业	202	1669	1029	15951
造纸和纸制品业	369	2751	1034	46752
印刷和记录媒介复制业	260	1880	831	19974
文教、工美、体育和娱乐用品制造业	259	1841	669	13818
石油、煤炭及其他燃料加工业	155	728	380	14786
化学原料和化学制品制造业	1780	10296	4571	252895
医药制造业	1502	12042	6329	305911
化学纤维制造业	28	101	44	1111
橡胶和塑料制品业	1573	9692	3479	101857
非金属矿物制品业	895	5454	2382	86233
黑色金属冶炼和压延加工业	1178	7968	3984	411205
有色金属冶炼和压延加工业	295	1890	882	76687

续表

项　目	项目数（项）	参加项目人员（人）	项目人员折合全时当量（人年）	项目经费内部支出（万元）
金属制品业	2372	11822	5697	247511
通用设备制造业	5197	27579	9685	280038
专用设备制造业	4507	26668	10376	358392
汽车制造业	1410	12395	5998	220911
铁路、船舶、航空航天和其他运输设备制造业	1370	16415	5952	240897
电气机械和器材制造业	2477	15688	6565	328717
计算机、通信和其他电子设备制造业	1994	31299	10952	573772
仪器仪表制造业	2062	9196	3494	82473
其他制造业	451	3026	1015	45949
废弃资源综合利用业	49	287	80	3331
金属制品、机械和设备修理业	253	1118	526	11107
电力、热力、燃气及水生产和供应业	**537**	**3656**	**1916**	**101108**
电力、热力生产和供应业	376	2238	1274	79508
燃气生产和供应业	30	474	229	10983
水的生产和供应业	131	944	412	10617
建筑业	**4041**	**31810**	**13945**	**1084723**
房屋建筑业	1324	11675	4072	347526
土木工程建筑业	1859	14738	7220	633359
建筑安装业	636	4369	2274	93568
建筑装饰、装修和其他建筑业	222	1028	379	10269
批发和零售业	**405**	**1952**	**589**	**15856**
批发业	353	1691	464	10162
零售业	52	261	125	5694
交通运输、仓储和邮政业	**219**	**1640**	**596**	**19757**
铁路运输业	15	75	10	340
道路运输业	68	353	143	4360
水上运输业	40	392	97	4017
航空运输业	17	113	15	493
多式联运和运输代理业	15	55	16	2032
装卸搬运和仓储业与邮政业	64	652	315	8515
信息传输、软件和信息技术服务业	**8997**	**55114**	**24259**	**761908**
电信、广播电视和卫星传输服务	164	1242	354	19737
互联网和相关服务	703	4885	2432	105313
软件和信息技术服务业	8130	48987	21473	636858
金融业与房地产业	**21**	**57**	**27**	**1477**
租赁和商务服务业	**159**	**774**	**257**	**7718**
租赁业	19	155	66	1744
商务服务业	140	619	191	5974

续表

项　目	项目数（项）	参加项目人员（人）	项目人员折合全时当量（人年）	项目经费内部支出（万元）
科学研究和技术服务业	**12318**	**76474**	**27531**	**885099**
研究和试验发展	2402	12933	5265	186918
专业技术服务业	6776	51181	17902	604702
科技推广和应用服务业	3140	12360	4363	93479
水利、环境和公共设施管理业	**654**	**3105**	**1299**	**29789**
水利管理业	52	206	71	799
生态保护和环境治理业	541	2494	992	24346
公共设施管理业	61	405	236	4645
居民服务、修理和其他服务业	**124**	**473**	**131**	**3840**
居民服务业	10	18	10	163
机动车、电子产品和日用产品修理业	15	67	13	234
其他服务业	99	388	108	3443
教育	**15**	**47**	**16**	**122**
卫生和社会工作	**64**	**566**	**130**	**6525**
文化、体育和娱乐业	**114**	**986**	**281**	**11747**
广播、电视、电影和录音制作业	64	797	220	9742
文化艺术业	42	154	50	1889
体育与娱乐业	8	35	10	115
三、按行政区划分				
和平区	800	4257	1774	46456
河东区	790	4295	2175	91048
河西区	1480	10904	4310	187058
南开区	2485	12080	6446	177385
河北区	573	3388	1305	50375
红桥区	594	3002	1479	60705
东丽区	3195	26106	8425	322958
西青区	4962	27433	10627	347485
津南区	3722	18291	6965	244093
北辰区	3681	23040	9506	411719
武清区	4526	27921	11787	447006
宝坻区	1819	10501	4509	176372
滨海新区	28161	205455	82821	3844097
# 开发区	6685	57202	22781	1011245
保税区	5665	52477	19550	1073277
高新区	10997	67011	28495	1156902
宁河区	674	4598	2173	153178
静海区	2503	17452	6939	318173
蓟州区	448	3277	1256	32473

表 8-6　国家高新技术企业办研发机构情况（2022 年）

项　目	机构数（个）	研究开发人员（人）	#博士	#硕士	机构研究开发费用（万元）
合计	**1609**	**74723**	**1173**	**12994**	**3072548**
一、按企业规模分					
大型	215	35053	559	7378	1655343
中型	321	20907	354	3509	854893
小型	819	17631	243	2023	542371
微型	254	1132	17	84	19941
二、按国民经济行业分					
农、林、牧、渔业	**16**	**192**	**3**	**13**	**4259**
农业	2	45	1	5	788
林业	5	85	0	0	1554
畜牧业	3	35	0	2	1515
渔业	3	7	0	1	148
农、林、牧、渔专业及辅助性活动	3	20	2	5	252
采矿业	**11**	**1119**	**30**	**204**	**41818**
煤炭开采和洗选业	1	35	0	0	543
石油和天然气开采业	2	636	23	119	24914
非金属矿采选业	4	195	1	35	6309
开采专业及辅助活动与其他采矿业	4	253	6	50	10051
制造业	**1074**	**46956**	**561**	**6760**	**1955614**
农副食品加工业	20	481	5	57	11087
食品制造业	15	350	15	36	8131
酒、饮料和精制茶制造业	1	15	0	0	215
纺织业	4	82	0	4	3250
纺织服装、服饰业	2	64	0	0	773
皮革、毛皮、羽毛及其制品和制鞋业	3	150	0	0	1784
木材加工和木、竹、藤、棕、草制品业	2	45	0	1	1821
家具制造业	6	679	0	13	10759
造纸和纸制品业	13	513	1	9	30856
印刷和记录媒介复制业	5	255	2	3	4663
文教、工美、体育和娱乐用品制造业	10	340	1	19	5603
石油、煤炭及其他燃料加工业	3	81	0	2	4343
化学原料和化学制品制造业	87	3020	92	581	146735
医药制造业	52	3073	103	797	119856
化学纤维制造业	1	12	0	0	115
橡胶和塑料制品业	54	1645	3	70	44874
非金属矿物制品业	35	1554	15	90	41246
黑色金属冶炼和压延加工业	24	1470	1	70	140098
有色金属冶炼和压延加工业	20	550	12	64	20418

续表

项　目	机构数（个）	研究开发人员（人）	#博士	#硕士	机构研究开发费用（万元）
金属制品业	77	2399	28	69	102410
通用设备制造业	150	4006	33	407	120768
专用设备制造业	168	5556	58	975	180981
汽车制造业	65	3043	13	221	117998
铁路、船舶、航空航天和其他运输设备制造业	49	3067	9	555	108803
电气机械和器材制造业	85	4011	66	726	204920
计算机、通信和其他电子设备制造业	66	9117	79	1776	470010
仪器仪表制造业	44	898	24	153	19627
其他制造业	7	344	1	59	31503
废弃资源综合利用业	3	23	0	0	454
金属制品、机械和设备修理业	3	113	0	3	1514
电力、热力、燃气及水生产和供应业	**9**	**410**	**4**	**45**	**17301**
电力、热力生产和供应业	5	196	3	32	7853
燃气生产和供应业	2	180	0	11	8862
水的生产和供应业	2	34	1	2	587
建筑业	**79**	**7942**	**37**	**510**	**388854**
房屋建筑业	16	2168	23	176	138147
土木工程建筑业	47	4296	13	290	189409
建筑安装业	12	1439	1	44	59128
建筑装饰、装修和其他建筑业	4	39	0	0	2170
批发和零售业	**6**	**44**	**0**	**5**	**468**
批发业	4	26	0	2	185
零售业	2	18	0	3	282
交通运输、仓储和邮政业	**7**	**172**	**5**	**8**	**3183**
铁路运输业	0	0	0	0	0
道路运输业	2	14	0	0	1151
水上运输业	1	14	0	0	397
航空运输业	1	6	0	4	190
多式联运和运输代理业	0	0	0	0	0
装卸搬运和仓储业与邮政业	3	138	5	4	1444
信息传输、软件和信息技术服务业	**169**	**6679**	**71**	**1280**	**220546**
电信、广播电视和卫星传输服务	1	20	0	0	387
互联网和相关服务	8	673	6	107	14487
软件和信息技术服务业	160	5986	65	1173	205672
金融业与房地产业	**0**	**0**	**0**	**0**	**0**
租赁和商务服务业	**1**	**3**	**0**	**0**	**10**
租赁业	0	0	0	0	0
商务服务业	1	3	0	0	10

续表

项　目	机构数（个）	研究开发人员（人）	#博士	#硕士	机构研究开发费用（万元）
科学研究和技术服务业	**220**	**10849**	**450**	**4106**	**421740**
研究和试验发展	49	2256	143	974	90615
专业技术服务业	127	8125	272	3018	320826
科技推广和应用服务业	44	468	35	114	10299
水利、环境和公共设施管理业	**12**	**174**	**12**	**38**	**6470**
水利管理业	0	0	0	0	0
生态保护和环境治理业	11	160	12	38	5878
公共设施管理业	1	14	0	0	593
居民服务、修理和其他服务业	**1**	**1**	**0**	**0**	**20**
居民服务业	0	0	0	0	0
机动车、电子产品和日用产品修理业	0	0	0	0	0
其他服务业	1	1	0	0	20
教育	**0**	**0**	**0**	**0**	**0**
卫生和社会工作	**0**	**0**	**0**	**0**	**0**
文化、体育和娱乐业	**4**	**182**	**0**	**25**	**12267**
广播、电视、电影和录音制作业	3	179	0	25	12226
文化艺术业	1	3	0	0	41
体育与娱乐业	0	0	0	0	0
三、按行政区划分					
和平区	21	438	13	146	8992
河东区	16	1119	8	171	68098
河西区	34	1709	68	664	28568
南开区	45	1544	20	238	47796
河北区	11	408	0	38	12003
红桥区	10	840	46	132	36356
东丽区	65	3749	80	780	138807
西青区	131	4393	54	817	135635
津南区	108	2428	38	332	97916
北辰区	119	6186	146	1247	269180
武清区	140	4332	44	373	139110
宝坻区	98	2718	21	190	119866
滨海新区	663	39385	623	7719	1790712
#开发区	198	13057	268	2286	589066
保税区	117	8920	110	1895	402722
高新区	214	12971	203	3118	644471
宁河区	19	887	0	13	40197
静海区	111	3893	7	116	124550
蓟州区	18	614	5	18	14764

表 8-7　国家高新技术企业自主知识产权及相关情况（2022 年）

项　目	专利申请数（件）	专利授权数（件）	有效发明专利数（件）	专利所有权转让及许可数（项）	专利所有权转让及许可收入（万元）	发表科技论文（篇）	拥有注册商标数（件）	形成国家或行业标准数（项）
合计	**41891**	**37440**	**30624**	**1356**	**68079**	**7300**	**32800**	**466**
一、按企业规模分								
大型	8262	6135	8617	430	49873	4716	4132	166
中型	7105	5828	8210	300	8645	1663	6698	184
小型	18005	16508	10766	465	7681	868	16769	112
微型	8519	8969	3031	161	1880	53	5201	4
二、按国民经济行业分								
农、林、牧、渔业	**202**	**211**	**147**	**0**	**0**	**55**	**580**	**0**
农业	66	87	39	0	0	0	215	0
林业	19	18	8	0	0	0	7	0
畜牧业	31	25	10	0	0	1	96	0
渔业	38	15	7	0	0	9	51	0
农、林、牧、渔专业及辅助性活动	48	66	83	0	0	45	211	0
采矿业	**432**	**291**	**427**	**7**	**15**	**317**	**158**	**41**
煤炭开采和洗选业	20	20	2	0	0	0	0	0
石油和天然气开采业	275	142	282	0	0	224	45	40
非金属矿采选业	65	38	33	7	15	22	107	0
开采专业及辅助活动与其他采矿业	72	91	110	0	0	71	6	1
制造业	**24853**	**22694**	**18863**	**810**	**29880**	**1573**	**21928**	**215**
农副食品加工业	172	198	119	0	0	20	476	0
食品制造业	243	159	162	3	120	10	1879	2
酒、饮料和精制茶制造业	36	23	5	0	0	0	82	0
纺织业	158	139	94	0	0	1	81	0
纺织服装、服饰业	13	25	7	0	0	0	86	0
皮革、毛皮、羽毛及其制品和制鞋业	12	10	7	0	0	0	22	0
木材加工和木、竹、藤、棕、草制品业	84	71	71	0	0	0	60	0
家具制造业	162	102	24	0	0	0	266	0
造纸和纸制品业	222	220	87	5	5	0	281	4
印刷和记录媒介复制业	162	171	30	0	0	0	65	0
文教、工美、体育和娱乐用品制造业	224	223	95	14	0	0	426	0
石油、煤炭及其他燃料加工业	114	103	106	0	0	5	244	4
化学原料和化学制品制造业	1281	1142	1790	33	1287	140	2996	76
医药制造业	751	600	2233	52	21283	206	2890	37
化学纤维制造业	27	12	20	8	0	10	34	1
橡胶和塑料制品业	1014	1205	435	35	0	17	675	3
非金属矿物制品业	769	778	395	2	0	27	411	0
黑色金属冶炼和压延加工业	615	479	214	0	0	75	348	7
有色金属冶炼和压延加工业	222	183	215	0	0	27	85	20

续表

项　目	专利申请数（件）	专利授权数（件）	有效发明专利数（件）	专利所有权转让及许可数（项）	专利所有权转让及许可收入（万元）	发表科技论文（篇）	拥有注册商标数（件）	形成国家或行业标准数（项）
金属制品业	1584	1523	558	17	0	24	969	2
通用设备制造业	4064	4413	1978	123	30	128	2381	19
专用设备制造业	3779	3314	3136	137	1085	205	3105	15
汽车制造业	1193	1025	517	48	210	10	442	0
铁路、船舶、航空航天和其他运输设备制造业	1653	1317	1060	2	0	159	729	3
电气机械和器材制造业	2386	2020	1518	100	15	195	829	4
计算机、通信和其他电子设备制造业	2008	1420	2507	151	4844	191	1085	3
仪器仪表制造业	1364	1348	1296	80	1001	119	679	13
其他制造业	289	268	119	0	0	4	175	2
废弃资源综合利用业	79	44	10	0	0	0	13	0
金属制品、机械和设备修理业	173	159	55	0	0	0	114	0
电力、热力、燃气及水生产和供应业	**453**	**508**	**139**	**11**	**0**	**89**	**151**	**0**
电力、热力生产和供应业	361	419	87	11	0	87	113	0
燃气生产和供应业	18	16	7	0	0	1	0	0
水的生产和供应业	74	73	45	0	0	1	38	0
建筑业	**3572**	**3225**	**1456**	**25**	**20**	**737**	**454**	**25**
房屋建筑业	1266	1012	439	24	0	214	100	6
土木工程建筑业	1593	1497	739	1	20	436	92	18
建筑安装业	552	557	251	0	0	70	111	1
建筑装饰、装修和其他建筑业	161	159	27	0	0	17	151	0
批发和零售业	**235**	**230**	**390**	**0**	**0**	**0**	**353**	**0**
批发业	164	171	174	0	0	0	50	0
零售业	71	59	216	0	0	0	303	0
交通运输、仓储和邮政业	**105**	**97**	**58**	**0**	**0**	**0**	**400**	**0**
铁路运输业	6	6	0	0	0	0	12	0
道路运输业	34	25	28	0	0	0	87	0
水上运输业	22	26	5	0	0	0	0	0
航空运输业	2	6	0	0	0	0	7	0
多式联运和运输代理业	11	11	0	0	0	0	0	0
装卸搬运和仓储业与邮政业	30	23	25	0	0	0	294	0
信息传输、软件和信息技术服务业	**3206**	**2401**	**3297**	**48**	**2312**	**236**	**5206**	**22**
电信、广播电视和卫星传输服务	65	82	35	0	0	0	11	0
互联网和相关服务	330	295	1015	4	0	4	599	5
软件和信息技术服务业	2811	2024	2247	44	2312	232	4596	17
金融业与房地产业	**0**	**10**	**0**	**0**	**0**	**0**	**8**	**0**
租赁和商务服务业	**47**	**41**	**24**	**0**	**0**	**0**	**54**	**0**
租赁业	15	16	17	0	0	0	36	0
商务服务业	32	25	7	0	0	0	18	0
科学研究和技术服务业	**8111**	**7109**	**5562**	**454**	**35337**	**4271**	**2385**	**160**

续表

项　目	专利申请数（件）	专利授权数（件）	有效发明专利数（件）	专利所有权转让及许可数（项）	专利所有权转让及许可收入（万元）	发表科技论文（篇）	拥有注册商标数（件）	形成国家或行业标准数（项）
研究和试验发展	1804	1283	1475	85	6993	837	533	52
专业技术服务业	4199	3774	3002	311	28338	3361	1071	100
科技推广和应用服务业	2108	2052	1085	58	7	73	781	8
水利、环境和公共设施管理业	**547**	**484**	**216**	**1**	**516**	**18**	**158**	**3**
水利管理业	25	24	1	0	0	0	8	0
生态保护和环境治理业	492	429	205	1	516	18	117	3
公共设施管理业	30	31	10	0	0	0	33	0
居民服务、修理和其他服务业	**63**	**62**	**7**	**0**	**0**	**0**	**26**	**0**
居民服务业	0	0	0	0	0	0	0	0
机动车、电子产品和日用产品修理业	0	3	0	0	0	0	10	0
其他服务业	63	59	7	0	0	0	16	0
教育	**1**	**9**	**1**	**0**	**0**	**2**	**323**	**0**
卫生和社会工作	**34**	**24**	**15**	**0**	**0**	**1**	**1**	**0**
文化、体育和娱乐业	**30**	**44**	**22**	**0**	**0**	**1**	**615**	**0**
广播、电视、电影和录音制作业	14	21	15	0	0	1	341	0
文化艺术业	16	20	6	0	0	0	247	0
体育与娱乐业	0	3	1	0	0	0	27	0
三、按行政区划分								
和平区	285	294	240	7	35	375	74	1
河东区	443	365	339	0	0	102	72	12
河西区	1069	844	672	7	15	640	215	25
南开区	1339	1164	1110	30	1801	676	1877	34
河北区	337	304	207	1	0	43	205	6
红桥区	364	321	925	3	0	204	830	64
东丽区	2523	2224	1602	107	3453	536	963	19
西青区	3293	3134	1596	45	7	162	3135	14
津南区	2560	2381	996	55	751	90	1456	15
北辰区	2747	2460	3059	117	5680	322	1880	34
武清区	3548	3171	1822	31	0	181	2664	20
宝坻区	1629	1621	520	23	0	48	1472	19
滨海新区	19033	16783	16748	892	56217	3853	16044	197
# 开发区	4392	3798	4503	164	24014	864	3935	49
保税区	4563	3837	3646	309	22825	1360	2754	47
高新区	6728	5680	6779	352	8924	904	5992	40
宁河区	617	459	127	4	0	32	330	1
静海区	1682	1516	450	31	0	18	1419	4
蓟州区	422	399	211	3	120	18	164	1

表 8-8 国家高新技术企业政府相关政策落实情况（2022 年）

单位：万元

项 目	享受高新技术企业所得税减免	研发加计扣除所得税减免	技术转让所得税减免
合计	**540673**	**415809**	**3046**
一、按企业规模分			
大型	259559	198547	275
中型	152912	104607	416
小型	122154	107251	2253
微型	6049	5404	101
二、按国民经济行业分			
农、林、牧、渔业	**224**	**229**	**88**
农业	115	124	88
林业	62	0	0
畜牧业	43	5	0
渔业	1	4	0
农、林、牧、渔专业及辅助性活动	3	95	0
采矿业	**1581**	**2889**	**0**
煤炭开采和洗选业	156	0	0
石油和天然气开采业	218	181	0
非金属矿采选业	32	1933	0
开采专业及辅助活动与其他采矿业	1174	775	0
制造业	**319455**	**254769**	**199**
农副食品加工业	6501	2457	0
食品制造业	1707	1151	0
酒、饮料和精制茶制造业	1909	324	0
纺织业	1917	725	0
纺织服装、服饰业	0	1	0
皮革、毛皮、羽毛及其制品和制鞋业	82	60	0
木材加工和木、竹、藤、棕、草制品业	39	49	0
家具制造业	1210	988	0
造纸和纸制品业	2121	796	0
印刷和记录媒介复制业	999	1327	0
文教、工美、体育和娱乐用品制造业	833	743	0
石油、煤炭及其他燃料加工业	45	92	0
化学原料和化学制品制造业	20056	15159	0
医药制造业	56109	26817	35
化学纤维制造业	0	2	0
橡胶和塑料制品业	8839	5361	0
非金属矿物制品业	5296	6037	0
黑色金属冶炼和压延加工业	3976	3655	0
有色金属冶炼和压延加工业	1539	8157	0
金属制品业	6510	7187	0

续表

项目	享受高新技术企业所得税减免	研发加计扣除所得税减免	技术转让所得税减免
通用设备制造业	34007	16643	9
专用设备制造业	37690	23937	1
汽车制造业	19452	19903	0
铁路、船舶、航空航天和其他运输设备制造业	11605	24428	0
电气机械和器材制造业	33461	35822	155
计算机、通信和其他电子设备制造业	55481	44153	0
仪器仪表制造业	5575	6634	0
其他制造业	1194	1075	0
废弃资源综合利用业	67	294	0
金属制品、机械和设备修理业	1235	793	0
电力、热力、燃气及水生产和供应业	**7764**	**4635**	**0**
电力、热力生产和供应业	4181	2264	0
燃气生产和供应业	1539	1852	0
水的生产和供应业	2044	519	0
建筑业	**38574**	**34615**	**0**
房屋建筑业	11765	11624	0
土木工程建筑业	22346	20521	0
建筑安装业	3711	2087	0
建筑装饰、装修和其他建筑业	752	383	0
批发和零售业	**41**	**143**	**0**
批发业	40	142	0
零售业	1	1	0
交通运输、仓储和邮政业	**1244**	**254**	**0**
铁路运输业	0	0	0
道路运输业	81	24	0
水上运输业	879	121	0
航空运输业	0	2	0
多式联运和运输代理业	0	0	0
装卸搬运和仓储业与邮政业	284	106	0
信息传输、软件和信息技术服务业	**46880**	**62585**	**375**
电信、广播电视和卫星传输服务	1064	944	0
互联网和相关服务	4093	18164	0
软件和信息技术服务业	41723	43477	375
金融业与房地产业	**1219**	**302**	**0**
租赁和商务服务业	**1026**	**79**	**782**
租赁业	8	1	0
商务服务业	1018	78	782
科学研究和技术服务业	**112486**	**49374**	**1603**
研究和试验发展	4007	5060	1043
专业技术服务业	104749	39928	275

续表

项　目	享受高新技术企业所得税减免	研发加计扣除所得税减免	技术转让所得税减免
科技推广和应用服务业	3729	4386	285
水利、环境和公共设施管理业	**4202**	**3090**	**0**
水利管理业	0	26	0
生态保护和环境治理业	2908	2107	0
公共设施管理业	1294	957	0
居民服务、修理和其他服务业	**81**	**63**	**0**
居民服务业	1	0	0
机动车、电子产品和日用产品修理业	0	2	0
其他服务业	80	61	0
教育	**451**	**179**	**0**
卫生和社会工作	**698**	**1050**	**0**
文化、体育和娱乐业	**4749**	**1555**	**0**
广播、电视、电影和录音制作业	4056	1146	0
文化艺术业	694	409	0
体育与娱乐业	0	0	0
三、按行政区划分			
和平区	1777	2404	0
河东区	3815	2346	0
河西区	10796	9464	0
南开区	19884	9127	101
河北区	2633	3087	0
红桥区	3375	3320	0
东丽区	24438	11691	811
西青区	29138	24941	503
津南区	10182	11499	9
北辰区	41477	34073	0
武清区	31043	47111	0
宝坻区	11864	9889	0
滨海新区	329683	236020	1467
# 开发区	125621	80065	88
保税区	62784	46814	808
高新区	103444	78063	551
宁河区	5477	1801	0
静海区	13314	7836	0
蓟州区	1778	1201	155

表 8-9　国家高新技术企业技术获取和技术改造情况（2022 年）

单位：万元

项　目	技术改造经费支出	引进境外技术经费支出	引进境外技术的消化吸收经费支出	购买境内技术经费支出
合计	**99191**	**36922**	**24**	**9507**
一、按企业规模分				
大型	41722	20374	0	2434
中型	35686	12261	24	5307
小型	21124	4280	0	1718
微型	659	7	0	48
二、按国民经济行业分				
农、林、牧、渔业	**20**	**657**	**24**	**622**
农业	0	657	24	622
林业	0	0	0	0
畜牧业	0	0	0	0
渔业	0	0	0	0
农、林、牧、渔专业及辅助性活动	20	0	0	0
采矿业	**907**	**0**	**0**	**0**
煤炭开采和洗选业	0	0	0	0
石油和天然气开采业	26	0	0	0
非金属矿采选业	881	0	0	0
开采专业及辅助活动与其他采矿业	0	0	0	0
制造业	**85585**	**31404**	**0**	**5963**
农副食品加工业	12	0	0	0
食品制造业	237	0	0	0
酒、饮料和精制茶制造业	0	0	0	0
纺织业	0	0	0	0
纺织服装、服饰业	0	0	0	0
皮革、毛皮、羽毛及其制品和制鞋业	0	0	0	0
木材加工和木、竹、藤、棕、草制品业	0	0	0	0
家具制造业	0	0	0	0
造纸和纸制品业	5	0	0	0
印刷和记录媒介复制业	1990	0	0	0
文教、工美、体育和娱乐用品制造业	78	0	0	0
石油、煤炭及其他燃料加工业	0	0	0	0
化学原料和化学制品制造业	6617	0	0	730
医药制造业	8748	0	0	3940
化学纤维制造业	0	0	0	0
橡胶和塑料制品业	608	0	0	0
非金属矿物制品业	3224	0	0	6
黑色金属冶炼和压延加工业	32901	0	0	0
有色金属冶炼和压延加工业	1549	0	0	92

续表

项　目	技术改造经费支出	引进境外技术经费支出	引进境外技术的消化吸收经费支出	购买境内技术经费支出
金属制品业	9021	0	0	5
通用设备制造业	2810	19753	0	15
专用设备制造业	1980	47	0	1
汽车制造业	6002	657	0	574
铁路、船舶、航空航天和其他运输设备制造业	726	0	0	219
电气机械和器材制造业	950	10948	0	0
计算机、通信和其他电子设备制造业	5991	0	0	0
仪器仪表制造业	1520	0	0	0
其他制造业	617	0	0	381
废弃资源综合利用业	0	0	0	0
金属制品、机械和设备修理业	0	0	0	0
电力、热力、燃气及水生产和供应业	**7781**	**4174**	**0**	**56**
电力、热力生产和供应业	7781	4174	0	56
燃气生产和供应业	0	0	0	0
水的生产和供应业	0	0	0	0
建筑业	**570**	**0**	**0**	**0**
房屋建筑业	91	0	0	0
土木工程建筑业	7	0	0	0
建筑安装业	473	0	0	0
建筑装饰、装修和其他建筑业	0	0	0	0
批发和零售业	**2**	**0**	**0**	**0**
批发业	2	0	0	0
零售业	0	0	0	0
交通运输、仓储和邮政业	**30**	**0**	**0**	**30**
铁路运输业	0	0	0	0
道路运输业	0	0	0	0
水上运输业	0	0	0	0
航空运输业	30	0	0	30
多式联运和运输代理业	0	0	0	0
装卸搬运和仓储业与邮政业	0	0	0	0
信息传输、软件和信息技术服务业	**2041**	**7**	**0**	**1037**
电信、广播电视和卫星传输服务	0	0	0	0
互联网和相关服务	0	0	0	0
软件和信息技术服务业	2041	7	0	1037
金融业与房地产业	**0**	**0**	**0**	**0**
租赁和商务服务业	**0**	**0**	**0**	**0**
租赁业	0	0	0	0
商务服务业	0	0	0	0
科学研究和技术服务业	**1947**	**680**	**0**	**1799**

续表

项　目	技术改造经费支出	引进境外技术经费支出	引进境外技术的消化吸收经费支出	购买境内技术经费支出
研究和试验发展	0	0	0	1
专业技术服务业	1905	680	0	1796
科技推广和应用服务业	42	0	0	2
水利、环境和公共设施管理业	**0**	**0**	**0**	**0**
水利管理业	0	0	0	0
生态保护和环境治理业	0	0	0	0
公共设施管理业	0	0	0	0
居民服务、修理和其他服务业	**0**	**0**	**0**	**0**
居民服务业	0	0	0	0
机动车、电子产品和日用产品修理业	0	0	0	0
其他服务业	0	0	0	0
教育	**0**	**0**	**0**	**0**
卫生和社会工作	**0**	**0**	**0**	**0**
文化、体育和娱乐业	**308**	**0**	**0**	**0**
广播、电视、电影和录音制作业	308	0	0	0
文化艺术业	0	0	0	0
体育与娱乐业	0	0	0	0
三、按行政区划分				
和平区	1102	0	0	0
河东区	6	0	0	0
河西区	363	0	0	0
南开区	1489	0	0	8
河北区	0	0	0	0
红桥区	0	0	0	0
东丽区	9197	1344	24	1099
西青区	12087	0	0	0
津南区	2095	703	0	960
北辰区	8964	0	0	2349
武清区	5159	19753	0	6
宝坻区	133	0	0	0
滨海新区	30886	15122	0	5084
# 开发区	13965	4174	0	1743
保税区	6551	0	0	752
高新区	6007	10948	0	1758
宁河区	18950	0	0	0
静海区	8335	0	0	0
蓟州区	428	0	0	0

（二）火炬平台

表 8-10　大学科技园基本情况（2022 年）

单位：个

名　称	大学科技园	管理机构从业人员（人）	孵化基金总额（万元）	年末固定资产原值（万元）	现有场地面积（平方米）
合计	**1**	**6**	**0**	**108**	**183127**
天津大学科技园	1	6	0	108	183127

表 8-11　大学科技园人员情况（2022 年）

单位：人

名　称	管理机构从业人员				
		# 研究生学历	本科学历	大专学历	# 留学回国人员
合计	**6**	**0**	**4**	**0**	**0**
天津大学科技园	6	0	4	0	0

表 8-12　大学科技园孵化场地情况（2022 年）

单位：平方米

名　称	现有场地总面积					
		办公用房	孵化用房	研发用房	生产用房	其他用房
合计	**183127**	**16958**	**111469**	**33000**	**16000**	**5700**
天津大学科技园	183127	16958	111469	33000	16000	5700

表 8-13　大学科技园在孵企业情况（2022 年）

名　称	在孵企业（个）		总收入（万元）	工业总产值（万元）	净利润（万元）	上缴税费（万元）
		# 当年新孵				
合计	**121**	**65**	**28404**	**14597**	**1307**	**759**
天津大学科技园	121	65	28404	14597	1307	759

表 8-14　大学科技园毕业企业情况（2022 年）

单位：个

名　称	累计毕业企业	# 当年毕业企业	# 上市（挂牌）企业	# 收入过亿元企业
合计	**10**	**9**	**0**	**0**
天津大学科技园	10	9	0	0

表 8-15　火炬计划特色产业基地主要经济指标（2022 年）

名　称	基地内企业数（个）	工业总产值（亿元）	总收入（亿元）	实际上缴税费（亿元）	净利润（亿元）	出口总额（亿元）
合计	**6998**	**1454.66**	**2413.26**	**67.55**	**57.50**	**64.73**
天津陈塘工程设计特色产业基地	280	0	319.76	6.44	12.01	0.23
天津空港经济区现代纺织特色产业基地	12	2.21	59.32	0.32	0.94	0
天津东丽节能装备特色产业基地	1427	63.06	273.70	5.75	1.73	0.40
天津西青信息安全特色产业基地	160	23.00	20.80	1.36	1.99	5.80
天津中北汽车特色产业基地	484	130.00	157.57	0.75	–8.00	5.56
天津武清新金属材料特色产业基地	1830	298.00	288.60	13.56	33.37	9.65
天津京滨石油装备特色产业基地	315	86.71	326.06	12.68	7.20	2.05
天津武清汽车零部件特色产业基地	168	167.43	251.43	11.66	7.99	40.01
天津京津电子商务特色产业基地	2313	584.72	511.23	12.76	0	0
天津宝坻经济开发区新能源电池及材料特色产业基地	9	99.54	204.79	2.28	0.29	1.02

表 8-16　火炬计划特色产业基地企业人员分布情况（2022 年）

单位：人

名　称	从业人员总数	# 大专及以上人员	# 博士
合计	**137507**	**54227**	**1008**
天津陈塘工程设计特色产业基地	12153	9979	109
天津空港经济区现代纺织特色产业基地	1450	438	3
天津东丽节能装备特色产业基地	13524	8026	478
天津西青信息安全特色产业基地	2500	1800	20
天津中北汽车特色产业基地	32000	11960	306
天津武清新金属材料特色产业基地	21030	8750	50
天津京滨石油装备特色产业基地	17440	4620	8
天津武清汽车零部件特色产业基地	13700	3480	22
天津京津电子商务特色产业基地	20000	4158	1
天津宝坻经济开发区新能源电池及材料特色产业基地	3710	1016	11

表 8-17　创新型产业集群基本情况（2022 年）

名　称	集群企业总数（个）	# 高新技术企业数	集群人员总数（人）	# 大专及以上	营业收入（亿元）	出口总额（亿元）	净利润（亿元）	实际上缴税费总额（亿元）
合计	**3240**	**1607**	**225904**	**173374**	**5742.83**	**193.91**	**346.25**	**151.16**
北辰高端装备制造创新型产业集群	209	106	24620	8117	497.35	17.16	23.01	14.74
天津高新区新能源创新型产业集群	138	94	26181	17634	985.86	63.86	93.98	16.69
泰达高端医疗器械产业集群	284	108	13750	10250	66.23	0.96	4.23	7.46
天津基于国产自主可控的信息安全产业集群	1394	725	47891	41487	1877.30	14.76	95.74	78.63
天津市细胞产业创新型产业集群	778	407	52529	39846	561.20	84.33	32.41	12.53
天津市滨海新区海洋工程装备创新型产业集群	437	167	60933	56040	1754.89	12.82	96.87	21.11

表 8-18　创新型产业集群科技产出情况（2022 年）

单位：件

名　称	当年申请发明专利	当年授权发明专利	拥有注册商标	拥有软件著作权	拥有集成电路布图	当年形成国际标准
合计	**3033**	**1706**	**4221**	**21361**	**121**	**70**
北辰高端装备制造创新型产业集群	264	60	387	840	0	0
天津高新区新能源创新型产业集群	486	209	416	1915	0	0
泰达高端医疗器械产业集群	188	130	280	350	0	0
天津基于国产自主可控的信息安全产业集群	1033	521	1801	16415	101	0
天津市细胞产业创新型产业集群	264	278	596	659	0	0
天津市滨海新区海洋工程装备创新型产业集群	798	508	741	1182	20	70

表 8-19　创新型产业集群主要服务机构情况（2022 年）

单位：个

名　称	国家级科技企业孵化器	国家技术转移机构	生产力促进中心	具有国家级资质的产品检验检测机构	研究院所	产业联盟组织
合计	**15**	**4**	**29**	**21**	**27**	**31**
北辰高端装备制造创新型产业集群	1	0	1	0	1	6
天津高新区新能源创新型产业集群	7	0	0	0	0	0
泰达高端医疗器械产业集群	4	2	1	2	1	4
天津基于国产自主可控的信息安全产业集群	0	1	12	3	6	2
天津市细胞产业创新型产业集群	0	0	15	15	7	10
天津市滨海新区海洋工程装备创新型产业集群	3	1	0	1	12	9

表 8-20　省级高新区基本情况（2022 年）

名　称	累计开发面积（平方千米）	本年固定资产投资额（亿元）	财政总收入（亿元）	高新区工商注册企业数（个）	# 高新技术企业数	# 营业收入超亿元企业数
合计	**45.12**	**39.97**	**4.36**	**9835**	**462**	**173**
天津东丽经济技术开发区	6.85	23.09	0	3087	132	61
天津华明高新区	10.30	0.33	0.09	1427	116	31
天津八里台工业区	6.50	5.00	0	1550	106	23
京津科技谷产业园	10.67	1.54	3.98	2941	56	36
天津宝坻经济开发区	10.80	10.00	0.29	830	52	22

表 8-21　省级高新区企业人员指标情况（2022 年）

单位：人

名　称	从业人员	# 留学归国人员	# 大专以上学历人员	# 硕士以上学位人员
合计	**90679**	**432**	**65177**	**3849**
天津东丽经济技术开发区	26268	190	18501	759
天津华明高新区	13524	131	8026	2057
天津八里台工业区	15000	13	9000	270
京津科技谷产业园	24680	49	19430	253
天津宝坻经济开发区	11207	49	10220	510

表 8-22　省级高新区企业经济指标情况（2022 年）

单位：亿元

名　称	工业总产值	营业收入	净利润	实际上缴税费	出口总额
合计	**876.54**	**1123.54**	**72.45**	**43.75**	**35.04**
天津东丽经济技术开发区	293.01	533.59	24.43	14.28	0
天津华明高新区	63.06	67.55	1.73	5.75	0.40
天津八里台工业区	118.48	127.81	7.09	1.01	11.11
京津科技谷产业园	298.00	288.60	34.78	17.44	12.41
天津宝坻经济开发区	103.99	106.00	4.43	5.27	11.11

第九部分

沿海九省市科技创新能力监测指标

表 9-1　沿海九省市科技创新能力监测指标（2021 年）

指　标	单位	北京	天津	辽宁	上海	江苏	浙江	福建	山东	广东
一、创新环境										
十万人高校在校学生数	人	5312.57	5152.98	3741.97	3691.01	3531.03	2631.84	3023.31	3428.54	2922.40
十万人博士毕业生数	人	97.31	14.98	5.72	26.27	6.47	3.63	3.04	1.83	2.94
科技企业孵化器累计毕业企业数	个	28564	3214	4842	4362	35007	18694	4479	13656	25390
企业研究开发费用加计扣除减免税额	亿元	40.83	28.15	31.40	96.20	269.30	252.69	54.97	153.08	470.21
高新技术企业减免税额占全国比重	%	2.73	1.22	1.72	3.07	12.74	9.78	2.39	6.25	17.49
二、创新资源										
R&D 经费支出与地区生产总值之比	%	6.41	3.66	2.18	4.17	2.93	2.91	1.95	2.35	3.21
地方财政科技支出与地方财政支出比重	%	6.24	3.30	1.33	5.01	4.60	5.25	2.98	3.18	5.39
万人 R&D 人员全时当量	人年	154.5	75.0	27.6	94.6	88.9	88.0	56.2	44.0	69.8
R&D 研究人员占全社会 R&D 人员比重	%	67.65	53.03	53.25	55.38	36.66	28.72	33.55	36.70	34.24
高技术产业 R&D 经费支出占营业收入比重	%	2.06	2.45	3.28	3.34	2.81	3.11	3.05	3.39	3.04
三、企业创新										
企业 R&D 经费支出占营业收入比重	%	1.09	1.09	1.00	1.54	1.77	1.59	1.17	1.51	1.67
企业技术获取和技术改造经费支出占营业收入比重	%	0.24	0.19	0.43	0.87	0.34	0.27	0.29	0.32	0.54
企业 R&D 研究人员占全社会 R&D 研究人员比重	%	8.05	31.76	36.33	28.14	63.51	62.25	59.43	58.89	63.64
有 R&D 活动的企业占工业企业比重	%	40.45	29.12	24.98	29.24	48.51	48.74	34.36	47.33	40.25
万名企业就业人员发明专利拥有量	件	871.16	271.88	166.47	354.47	267.43	162.11	105.26	183.81	377.88
四、创新产出										
万人发明专利拥有量	件	185.03	31.62	13.28	69.09	41.04	38.28	14.84	14.83	34.66
万人国内科技论文数	篇	35.82	10.10	4.08	13.37	5.18	2.97	2.25	2.22	2.28
万人输出技术成交额	万元	32004	9154	1786	10227	3064	2838	470	2436	3232
高技术产业营业收入占工业营业收入比重	%	35.87	14.49	6.11	18.53	20.92	13.35	12.90	7.73	31.05
新产品销售收入占营业收入比重	%	28.71	20.89	13.63	23.29	27.70	36.78	11.89	26.53	28.61
五、创新绩效										
高技术产品出口额占商品出口额比重	%	78.59	25.68	13.75	46.30	34.58	9.19	13.60	7.10	29.43
高新技术企业技术收入占营业收入比重	%	39.14	15.22	8.39	24.83	4.56	13.06	5.93	4.10	12.46
劳动生产率	万元 / 人	34.78	24.49	12.60	31.66	23.93	18.86	22.22	15.18	17.59
资本生产率	万元 / 万元	0.37	0.27	0.26	0.38	0.41	0.44	0.32	0.34	0.54
综合能耗产出率	元 / 千克标准煤	49.53	29.41	11.50	33.79	26.46	25.12	28.76	18.52	30.40

数据来源：《中国区域创新能力监测报告 2023》。

2023天津科技统计年鉴

第十部分

附　录

国家工程研究中心（实验室）（14 个）

序号	名称	依托单位
1	农药国家工程研究中心（天津）	南开大学
2	新型能源国家工程研究中心	中国电子科技集团公司第十八研究所
3	电气传动国家工程研究中心	天津电气传动设计研究中心
4	精馏技术国家工程研究中心	天津大学
5	重型技术装备国家工程研究中心	天津重型装备工程研究有限公司
6	水泥节能环保国家工程研究中心	天津市水泥设计工艺研究院
7	细胞产品国家工程研究中心	天津昂赛基因工程有限公司
8	生物饲料开发国家工程研究中心	天津博菲德科技有限公司
9	石化工业水处理国家工程实验室	中海油天津化工研究设计院
10	工业酶国家工程研究中心	中科院天津工业生物技术研究所
11	港口水工建筑技术国家工程研究中心	交通运输部天津水运工程科学研究所
12	计算机病毒防治技术国家工程研究中心	国家计算机防病毒应急处理中心
13	移动源污染排放控制技术国家工程实验室	中国汽车技术研究中心
14	城市轨道交通数字化建设与测评技术国家工程研究中心	中国铁路设计集团有限公司

国家级火炬计划平台和农业科技园区（19 个）

序号	名称	序号	名称
1	天津陈塘工程设计特色产业基地	11	北辰高端装备制造创新型产业集群
2	天津空港经济区现代纺织特色产业基地	12	天津高新区新能源创新型产业集群
3	天津东丽节能装备特色产业基地	13	泰达高端医疗器械产业集群
4	天津西青信息安全特色产业基地	14	天津基于国产自主可控的信息安全产业集群
5	天津中北汽车特色产业基地	15	天津市细胞产业创新型产业集群
6	天津武清新金属材料特色产业基地	16	天津市滨海新区海洋工程装备创新型产业集群
7	天津京滨石油装备特色产业基地	17	天津津南国家农业科技园区
8	天津武清汽车零部件特色产业基地	18	天津滨海国家农业科技园区
9	天津京津电子商务特色产业基地	19	天津宝坻国家农业科技园区
10	天津宝坻经济开发区新能源电池及材料特色产业基地		

国家级科技企业孵化器（40 个）

序号	名称	序号	名称
1	天津国际生物医药联合研究院科技企业孵化器	21	天津帅超科技企业孵化器
2	天津泰达中小企业园科技企业孵化器	22	天津恩华科技企业孵化器
3	天津泰达数字产业园科技企业孵化器	23	天津创智天地科技企业孵化器
4	天津泰达国际创业中心	24	天津四信数字经济科技企业孵化器
5	天津滨海中关村雨林空间科技企业孵化器	25	天津市科技创新发展中心
6	天津航空产业科技企业孵化器	26	天津普天创达科技企业孵化器
7	天津港保税区创新创业中心	27	天津中关村 e 谷科技企业孵化器
8	天津智汇谷人工智能产业科技企业孵化器	28	天津青创园科技企业孵化器
9	天津滨海高新区国际创业中心	29	天津科丽泰科技企业孵化器
10	天津海泰科技企业孵化器	30	天津中航大科技企业孵化器
11	天津鑫茂科技企业孵化器	31	清控科创（天津）科技企业孵化器
12	天津华科科技企业孵化器	32	天津新华产业科技企业孵化器
13	天津海泰科创科技企业孵化器	33	执信（天津）科技企业孵化器
14	电科（天津）中天科技企业孵化器	34	天津凌奥科技企业孵化器
15	天津生机科技企业孵化器	35	天津赛达启航科技企业孵化器
16	天津华鼎科技企业孵化器	36	天津辰寰星谷科技企业孵化器
17	天津智慧山科技企业孵化器	37	天津京滨科技企业孵化器
18	启迪之星（天津·海洋园）科技企业孵化器	38	天津可信科技企业孵化器
19	天津中科先进院科技企业孵化器	39	天津光彩圣火科技企业孵化器
20	天津国家动漫园 Think Big 科技企业孵化器	40	天津兴科百纳科技企业孵化器

天津市市级科技企业孵化器（49个）

序号	名称	序号	名称
1	天津泰达产发天大科技园科技企业孵化器	26	天津鑫恩华格调科技企业孵化器
2	天津同方科技园科技企业孵化器	27	天津万江科技企业孵化器
3	天津天保智谷科技企业孵化器	28	天津南开区博士创业园科技企业孵化器
4	天津临港汇创科技企业孵化器	29	天津 C92 科技企业孵化器
5	天津 BIOINN 生物技术科技企业孵化器	30	天津天南大科技企业孵化器
6	天津海洋创新科技企业孵化器	31	天津科大天工科技企业孵化器
7	天津航天空间技术科技企业孵化器	32	天津滨航科技企业孵化器
8	天津海高融创科技企业孵化器	33	天津天创科技企业孵化器
9	天津众禾科技企业孵化器	34	天津奥中科技企业孵化器
10	天津高先科技企业孵化器	35	天津青奥华阳科技企业孵化器
11	天津滨海中关村（天津自创区）创新中心	36	天津福布思科技企业孵化器
12	天津浙大成均科技企业孵化器	37	天津启迪协信科技企业孵化器
13	天津海星科技企业孵化器	38	天津锦联新经济产业科技企业孵化器
14	天津海量大数据重度科技企业孵化器	39	天津 BE 数创科技企业孵化器
15	启迪之星（天津・生态城）科技企业孵化器	40	天津紫光云云创科技企业孵化器
16	天津港博科技企业孵化器	41	天津南开大学津南研究院科技企业孵化器
17	天津 1946 创意产业园科技企业孵化器	42	天津北达科技企业孵化器
18	天津通广科技企业孵化器	43	天津 WEME 科技企业孵化器
19	天津鑫帅领科技企业孵化器	44	天津京津中关村科技企业孵化器
20	天津妇女创业中心	45	天津东旺智能装备科技企业孵化器
21	天津易创科技企业孵化器	46	天津北大智能制造科技企业孵化器
22	天津戈德科技企业孵化器	47	天津九园新能源科技企业孵化器
23	天津鑫征程科技企业孵化器	48	天津恒兴科技企业孵化器
24	天津环兴科技企业孵化器	49	天津升泰睿农生物科技企业孵化器
25	天津通业科技企业孵化器		

天津市企业技术中心（680个）

序号	企业名称	序号	企业名称
1	丹娜（天津）生物科技股份有限公司	37	天津航天长征火箭制造有限公司
2	中国建筑第六工程局有限公司	38	中建二局第四建筑工程有限公司
3	科迈化工股份有限公司	39	深之蓝海洋科技股份有限公司
4	中石化第四建设有限公司	40	天津市尖峰天然产物研究开发有限公司
5	民航机场建设工程有限公司	41	中建六局建设发展有限公司
6	天津美腾科技股份有限公司	42	中交一航局安装工程有限公司
7	中国石油集团工程技术研究有限公司	43	天津中能锂业有限公司
8	天津鹏翎集团股份有限公司	44	赛诺医疗科学技术股份有限公司
9	天津环渤新材料有限公司	45	五八同城信息技术有限公司
10	中交天航环保工程有限公司	46	中交一航局第一工程有限公司
11	中交海洋建设开发有限公司	47	天津建昌环保股份有限公司
12	天津精华石化有限公司	48	鼎正新兴生物技术（天津）有限公司
13	天津市新天钢冷轧板业有限公司	49	天津中财型材有限责任公司
14	中铁上海工程局集团第四工程有限公司	50	津药药业股份有限公司
15	中国石油化工股份有限公司天津分公司	51	天津重型装备工程研究有限公司
16	中铁工程装备集团（天津）有限公司	52	天津新立中合金集团有限公司
17	天津新日机电有限公司	53	泽达易盛（天津）科技股份有限公司
18	天津市东宝润滑油脂有限公司	54	中建八局天津建设工程有限公司
19	天津津滨石化设备有限公司	55	天津飞旋科技股份有限公司
20	天津市顺达汽车零部件有限公司	56	天津科瑞达涂料化工有限公司
21	天津天德减震器有限公司	57	天津博益气动股份有限公司
22	中国石油天然气股份有限公司大港油田分公司	58	中铁建工集团第三建设有限公司
23	天津联博化工股份有限公司	59	中远关西涂料化工（天津）有限公司
24	天津爱赛克车业有限公司	60	天津哈娜好医材有限公司
25	康希诺生物股份公司	61	天津市华恒包装材料有限公司
26	凯莱英医药集团（天津）股份有限公司	62	唯捷创芯（天津）电子技术股份有限公司
27	天津立中车轮有限公司	63	天津一重电气自动化有限公司
28	中国石油集团渤海钻探工程有限公司	64	赛闻（天津）工业有限公司
29	中汽研（天津）汽车工程研究院有限公司	65	天津莱尔德电子材料有限公司
30	中国石油集团渤海石油装备制造有限公司	66	中星电子股份有限公司
31	天津航天瑞莱科技有限公司	67	勤威（天津）工业有限公司
32	天津一瑞生物科技股份有限公司	68	天津立中轻合金锻造有限公司
33	天津膜天膜科技股份有限公司	69	天津利安隆新材料股份有限公司
34	天津金耀药业有限公司	70	天津瑞奇外科器械股份有限公司
35	天津泰达绿化科技集团股份有限公司	71	通标标准技术服务（天津）有限公司
36	中海油（天津）油田化工有限公司	72	美克国际家私（天津）制造有限公司

续表

序号	企业名称	序号	企业名称
73	天津德威涂料化工有限公司	110	海洋石油工程股份有限公司
74	天津国芯科技有限公司	111	中交天津航道局有限公司
75	天津美亚化工有限公司	112	中铁第六勘察设计院集团有限公司
76	和能人居科技（天津）集团股份有限公司	113	未来电视有限公司
77	东方电气（天津）风电叶片工程有限公司	114	中冶天工集团有限公司
78	天津药明康德新药开发有限公司	115	中交第一航务工程局有限公司
79	天津航天长征技术装备有限公司	116	天津航空机电有限公司
80	恩智浦半导体（天津）有限公司	117	恒银金融科技股份有限公司
81	天津南侨食品有限公司	118	天津金发新材料有限公司
82	天津信泰汽车零部件有限公司	119	中铁十二局集团电气化工程有限公司
83	华海智汇技术有限公司	120	太重（天津）滨海重型机械有限公司
84	天津正标津达线缆集团有限公司	121	天津正天医疗器械有限公司
85	邦盛医疗装备（天津）股份有限公司	122	天津正达科技有限责任公司
86	天津雄邦压铸有限公司	123	天津泰达滨海清洁能源集团有限公司
87	天津未名生物医药有限公司	124	天津海鸥表业集团有限公司
88	天津泰达环保有限公司	125	中铁十八局集团建筑安装工程有限公司
89	天津三环乐喜新材料有限公司	126	天津万峰环保科技有限公司
90	天津津亚电子有限公司	127	展讯通信（天津）有限公司
91	天津中集物流装备有限公司	128	天津市英贝特航天科技有限公司
92	天津天智精细化工有限公司	129	天津市松正电动汽车技术股份有限公司
93	天津敏信机械有限公司	130	天津华人医学检验所有限公司
94	公元管道（天津）有限公司	131	天津华鸿科技股份有限公司
95	天津银宝山新科技有限公司	132	天津冶金集团天材科技发展有限公司
96	岱纳包装（天津）有限公司	133	高新兴智联科技有限公司
97	天津市茂联科技有限公司	134	天津所托瑞安汽车科技有限公司
98	天津开发区先特网络系统有限公司	135	中铁建设集团华北工程有限公司
99	天津七一二移动通信有限公司	136	中海石油环保服务（天津）有限公司
100	天津望圆智能科技股份有限公司	137	中国电建集团港航建设有限公司
101	凯诺斯（中国）铝酸盐技术有限公司	138	致恒（天津）实业有限公司
102	天津中环新宇科技有限公司	139	中铁建大桥工程局集团第三工程有限公司
103	天津微纳芯科技有限公司	140	天津汽车模具股份有限公司
104	天津全和诚科技有限责任公司	141	天津瑞源电气有限公司
105	思腾合力（天津）科技有限公司	142	龙蟠润滑新材料（天津）有限公司
106	天津市德立汽车部件有限公司	143	天津电力机车有限公司
107	中国铁建大桥工程局集团有限公司	144	合力（天津）能源科技股份有限公司
108	天津瑞普生物技术股份有限公司	145	天津市利民调料有限公司
109	中国铁路设计集团有限公司	146	软通智慧信息技术有限公司

续表

序号	企业名称	序号	企业名称
147	汇源印刷包装科技（天津）股份有限公司	184	天津航天中为数据系统科技有限公司
148	天津东南钢结构有限公司	185	天津神舟通用数据技术有限公司
149	天津凯德实业有限公司	186	协和干细胞基因工程有限公司
150	百超（天津）激光技术有限公司	187	航天神舟飞行器有限公司
151	中粮佳悦（天津）有限公司	188	天津绿茵景观生态建设股份有限公司
152	南洋电缆（天津）有限公司	189	天津市津兆机电开发有限公司
153	天津生物化学制药有限公司	190	天津城建集团有限公司
154	天津拾起卖科技集团有限公司	191	中海油安全技术服务有限公司
155	纳通医用防护器材（天津）有限公司	192	天津环博科技有限责任公司
156	中策橡胶（天津）有限公司	193	天津同阳科技发展有限公司
157	天津市新天钢冷轧薄板有限公司	194	天津恒达文博科技股份有限公司
158	博格华纳汽车零部件（天津）有限公司	195	天津金域医学检验实验室有限公司
159	天津新松机器人自动化有限公司	196	中铁城建集团第三工程有限公司
160	天津凯普林光电科技有限公司	197	天津天堰科技股份有限公司
161	天津众合智控科技有限公司	198	德中（天津）技术发展股份有限公司
162	常源科技（天津）有限公司	199	天津天大求实电力新技术股份有限公司
163	中海油田服务股份有限公司	200	天津市天科数创科技股份有限公司
164	曙光信息产业股份有限公司	201	天津津荣天宇精密机械股份有限公司
165	天地伟业技术有限公司	202	中材节能股份有限公司
166	天津凯发电气股份有限公司	203	富通特种光缆（天津）有限公司
167	中国电建市政建设集团有限公司	204	天津市海王星海上工程技术股份有限公司
168	云账户技术（天津）有限公司	205	紫光云技术有限公司
169	天津市汉康医药生物技术有限公司	206	天津市环智新能源技术有限公司
170	飞腾信息技术有限公司	207	天津德力仪器设备有限公司
171	天津药物研究院有限公司	208	天津海泰环保科技发展股份有限公司
172	天津巴莫科技有限责任公司	209	航天神舟科技发展有限公司
173	天津力神电池股份有限公司	210	天津华迈燃气装备股份有限公司
174	麒麟软件有限公司	211	天津市创举科技股份有限公司
175	海光信息技术股份有限公司	212	天津市北海通信技术有限公司
176	航天环境工程有限公司	213	天津市普迅电力信息技术有限公司
177	天津赛象科技股份有限公司	214	天津生机集团股份有限公司
178	天津壹鸣环境科技股份有限公司	215	中发建筑技术集团有限公司
179	天津蓝天太阳科技有限公司	216	天津恒电空间电源有限公司
180	天津中油渤星工程科技有限公司	217	天津赛恩集团有限公司
181	天津三安光电有限公司	218	天津重钢机械装备股份有限公司
182	中交一公局第六工程有限公司	219	天津市威曼生物材料有限公司
183	平安津村药业有限公司	220	禧天龙科技发展有限公司

续表

序号	企业名称	序号	企业名称
221	天津三源电力信息技术股份有限公司	258	天津欧波精密仪器股份有限公司
222	天津天大天久科技股份有限公司	259	天津大学建筑设计规划研究总院有限公司
223	TCL 环鑫半导体（天津）有限公司	260	天津电气科学研究院有限公司
224	天津市天友建筑设计股份有限公司	261	天津华勘集团有限公司
225	天津宏大纺织科技有限公司	262	中国能源建设集团天津电力建设有限公司
226	天津天诚新药评价有限公司	263	中国能源建设集团天津电力设计院有限公司
227	天津市天大天发科技有限公司	264	中铁四局集团第三建设有限公司
228	天津成科传动机电技术股份有限公司	265	中交一公局第八工程有限公司
229	天津安捷物联科技股份有限公司	266	国网天津市电力公司
230	天津塘沽瓦特斯阀门有限公司	267	中铁六局集团天津铁路建设有限公司
231	天津南大通用数据技术股份有限公司	268	国网电商科技有限公司
232	恒大新能源汽车（天津）有限公司	269	中铁一局集团天津建设工程有限公司
233	天津合纵电力设备有限公司	270	天津华津制药有限公司
234	天津亿鑫通科技股份有限公司	271	天津移山工程机械有限公司
235	天津轨道交通集团有限公司	272	天津铸金科技开发股份有限公司
236	天津富通光纤技术有限公司	273	中铁建大桥工程局集团电气化工程有限公司
237	天津锐新昌科技股份有限公司	274	通号工程局集团电气工程有限公司
238	中电科能源有限公司	275	天津市银博印刷集团有限公司
239	天津航天信息有限公司	276	中海油天津化工研究设计院有限公司
240	天津市政工程设计研究总院有限公司	277	天津卓朗科技发展有限公司
241	天津能源投资集团有限公司	278	天津七所精密机电技术有限公司
242	天津市中环系统工程有限责任公司	279	中铁十五局集团第五工程有限公司
243	联合赤道环境评价股份有限公司	280	中煤天津设计工程有限责任公司
244	天津光电通信技术有限公司	281	天津艺点意创科技有限公司
245	中水北方勘测设计研究有限责任公司	282	中国汽车技术研究中心有限公司
246	天津市建筑设计研究院有限公司	283	中汽研汽车检验中心（天津）有限公司
247	中交（天津）疏浚工程有限公司	284	航天精工股份有限公司
248	中建六局水利水电建设集团有限公司	285	天津钢铁集团有限公司
249	天津住宅集团建设工程总承包有限公司	286	天津铁路信号有限责任公司
250	中电科半导体材料有限公司	287	天津市金桥焊材集团股份有限公司
251	中交（天津）生态环保设计研究院有限公司	288	瑞普（天津）生物药业有限公司
252	中国汽车工业工程有限公司	289	天津钢管制造有限公司
253	天津九安医疗电子股份有限公司	290	天津博奥赛斯生物科技股份有限公司
254	际华三五二二装具饰品有限公司	291	中冶天工集团天津有限公司
255	华阳新兴科技（天津）集团有限公司	292	天津富士达集团有限公司
256	天津华来科技股份有限公司	293	天津建城基业集团有限公司
257	天津市迅尔仪表科技有限公司	294	天津市渤海新能科技有限公司

续表

序号	企业名称	序号	企业名称
295	中冶建工集团（天津）建设工程有限公司	332	天津市盛世德新材料科技有限公司
296	中航装甲科技有限公司	333	天津市康婷生物工程集团有限公司
297	天津市宽达水产食品有限公司	334	中安广源检测评价技术服务股份有限公司
298	天津平高智能电气有限公司	335	天津市丰立银锚幕墙工程有限公司
299	天津春发生物科技集团有限公司	336	天津狗不理食品股份有限公司
300	平高集团储能科技有限公司	337	天津天一建设集团有限公司
301	上海烟草集团有限责任公司天津卷烟厂	338	天津市捷威动力工业有限公司
302	天津市华明集团有限公司	339	天津瑞驰兴模具有限公司
303	川铁电气（天津）股份有限公司	340	天津宏仁堂药业有限公司
304	天津海顺印业包装有限公司	341	天津泓德汽车玻璃有限公司
305	天津市精美特表面技术有限公司	342	天津市中马骏腾精密机械制造有限公司
306	天津市东信国际花卉有限公司	343	海程新材料科技有限公司
307	艾瑞斯股份有限公司	344	中芯国际集成电路制造（天津）有限公司
308	天津中电华利电器科技集团有限公司	345	天津恒兴机械设备有限公司
309	中汽研汽车工业工程（天津）有限公司	346	天津华夏联盛汽车部件有限公司
310	天津世纪天源集团股份有限公司	347	天津市百利溢通电泵有限公司
311	天津市奥瑞克电梯有限公司	348	天津市通洁高压泵制造有限公司
312	天津宝丰建材有限公司	349	天津祥嘉流体控制系统有限公司
313	天津赛特测机有限公司	350	天津利福特电梯部件有限公司
314	天津市思特玻璃有限公司	351	中色（天津）特种材料有限公司
315	天津有容蒂康通讯技术有限公司	352	天津市佳利电梯电机有限公司
316	天津三英精密仪器股份有限公司	353	中汽数据（天津）有限公司
317	天津捷盛东辉保鲜科技有限公司	354	优利康达（天津）科技有限公司
318	天津爱思达航天科技有限公司	355	天津市百得纸业有限公司
319	天津华测检测认证有限公司	356	天津泰正机械有限公司
320	天津中车唐车轨道车辆有限公司	357	天津信谊津津药业有限公司
321	天津大桥焊材集团有限公司	358	天津新科成套仪表有限公司
322	天津瑞能电气有限公司	359	中汽（天津）系统工程有限公司
323	天津力生制药股份有限公司	360	天津惠德汽车进气系统股份有限公司
324	中国大冢制药有限公司	361	天津希利汽车部品有限公司
325	天津市中升挑战生物科技有限公司	362	电装（天津）空调部件有限公司
326	宜科（天津）电子有限公司	363	天津市祥威传动设备有限公司
327	天津同仁堂集团股份有限公司	364	飞马（天津）缝纫机有限公司
328	天津华宁电子有限公司	365	天津市新宇彩板有限公司
329	天津法莫西医药科技有限公司	366	天津第一机床有限公司
330	天津见康华美医学诊断技术有限公司	367	天津三电汽车空调有限公司
331	天津市百成油田采油设备制造有限公司	368	天津市西青区华兴电机制造有限公司

续表

序号	企业名称	序号	企业名称
369	天津市华宇农药有限公司	406	天津市科密欧化学试剂有限公司
370	天津经纬恒润科技有限公司	407	天津瑞杰塑料制品有限公司
371	天津太平洋制药有限公司	408	天津市企美科技发展有限公司
372	天津市飞乐汽车照明有限公司	409	天津市新阳汽车电子有限公司
373	天津柯文实业股份有限公司	410	天津石泰集团有限公司
374	天津鑫宝龙电梯集团有限公司	411	天津德华石油装备制造有限公司
375	天津贝利泰陶瓷有限公司	412	天津宝成机械制造股份有限公司
376	天津市津达执行器有限公司	413	天津润德中天钢管有限公司
377	天津盛驰精工有限公司	414	天津市大桥道食品有限公司
378	卡本科技集团股份有限公司	415	天津福臻工业装备有限公司
379	天津市新丽华色材有限责任公司	416	思维自动化设备（天津）有限公司
380	中铁十八局集团有限公司	417	天津市伟泰轨道交通装备有限公司
381	华海清科股份有限公司	418	欧尚元（天津）有限公司
382	中铁十八局集团第四工程有限公司	419	天津埃克森阀门有限公司
383	天津立林机械集团有限公司	420	南方创业（天津）科技发展有限公司
384	中铁十八局集团第五工程有限公司	421	天津经纬正能电气设备有限公司
385	天津荣程联合钢铁集团有限公司	422	天津世宇电子股份有限公司
386	天津海尔洗涤电器有限公司	423	天津天士力集团有限公司
387	渤海阀门集团有限公司	424	天津久日新材料股份有限公司
388	北鹏首豪（天津）新型建材有限公司	425	中国天辰工程有限公司
389	天津星月欧瑞门业有限公司	426	天津捷强动力装备股份有限公司
390	瀚洋重工装备制造（天津）有限公司	427	天津长荣科技集团股份有限公司
391	天津民祥生物医药股份有限公司	428	中重科技（天津）股份有限公司
392	天津经纬辉开光电股份有限公司	429	天津七所高科技有限公司
393	天津艾洛克通讯设备科技有限公司	430	天津天士力之骄药业有限公司
394	天津银河阀门有限公司	431	天津银龙预应力材料股份有限公司
395	天津海友佳音生物科技股份有限公司	432	天津工程机械研究院有限公司
396	天津天钢石油专用管制造有限公司	433	天津市金锚集团有限责任公司
397	天津中盛海天制药有限公司	434	天津三源电力智能科技有限公司
398	天津太平洋化学制药有限公司	435	天津市管道工程集团有限公司
399	吉辰智能设备集团有限公司	436	天津天士力现代中药资源有限公司
400	天津市环宇橡塑股份有限公司	437	建科机械（天津）股份有限公司
401	中铁三局集团天津建设工程有限公司	438	天津水泥工业设计研究院有限公司
402	天津精诚机床股份有限公司	439	天津中荣印刷科技有限公司
403	天津欧铭庄自动化技术有限公司	440	天津北方天力增压技术有限公司
404	天津甘泉集团有限公司	441	天津雅迪实业有限公司
405	天津德科智控股份有限公司	442	天津吉达尔重型机械科技股份有限公司

续表

序号	企业名称	序号	企业名称
443	天津灯塔涂料有限公司	480	天津市天矿电器设备有限公司
444	泰伦特生物工程股份有限公司	481	天津市京建建筑防水工程有限公司
445	中材（天津）粉体技术装备有限公司	482	天津市百瑞泰管业股份有限公司
446	天津市中央药业有限公司	483	LV 技术工程（天津）有限公司
447	天津市久跃科技有限公司	484	天津市既济电气控制设备有限公司
448	天津市禹神建筑防水材料有限公司	485	弗兰德传动系统有限公司
449	天津市伟星新型建材有限公司	486	天津森罗科技股份有限公司
450	天津市新天钢钢线钢缆有限公司	487	天津斯巴克斯机电有限公司
451	天津市天缘电工材料股份有限公司	488	天津众晶半导体材料有限公司
452	天津天士力圣特制药有限公司	489	远大住宅工业（天津）有限公司
453	华电重工机械有限公司	490	天津红日药业股份有限公司
454	天津博科林药品包装技术有限公司	491	中国水电基础局有限公司
455	天津滨海环球印务有限公司	492	天津南玻节能玻璃有限公司
456	天津市发利汽车压铸件厂	493	中铁二十二局集团第四工程有限公司
457	天津中车风电叶片工程有限公司	494	天津军星管业集团有限公司
458	天津华涛汽车塑料饰件有限公司	495	大禹节水（天津）有限公司
459	天津市万博线缆有限公司	496	天狮集团有限公司
460	天津普天单向器有限公司	497	天津忠旺铝业有限公司
461	天津市飞龙砼外加剂有限公司	498	丹佛斯（天津）有限公司
462	天津华信机械有限公司	499	天津达祥精密工业有限公司
463	天津九为实业有限公司	500	中粮包装（天津）有限公司
464	沃德传动（天津）股份有限公司	501	天津华赛尔传热设备有限公司
465	天津晨天自动化设备工程有限公司	502	北油电控燃油喷射系统（天津）有限公司
466	天津北达线缆集团有限公司	503	天津武清建总建设工程集团有限公司
467	天津金牛电源材料有限责任公司	504	天津伽蓝德汽车零部件有限公司
468	天津爱旭太阳能科技有限公司	505	天津东方兴泰工业科技股份有限公司
469	天津辰创环境工程科技有限责任公司	506	博思特能源装备（天津）股份有限公司
470	天津市施普乐农药技术发展有限公司	507	天津诺禾致源生物信息科技有限公司
471	天津博威动力设备有限公司	508	维克（天津）有限公司
472	天津天汽模志通车身科技有限公司	509	天津市金轮信德车业有限公司
473	天津金隅振兴环保科技有限公司	510	交控技术装备有限公司
474	天津益昌电气设备股份有限公司	511	天津万事达物流装备有限公司
475	天津菲斯特机械设备有限公司	512	法拉达汽车散热器（天津）有限公司
476	天津百利展发集团有限公司	513	天津博顿电子有限公司
477	天津嘉思特车业股份有限公司	514	天津豹鸣股份有限公司
478	天津恒丰达塑业股份有限公司	515	竹林伟业科技发展（天津）股份有限公司
479	天津市万达轮胎集团有限公司	516	天津天加环境设备有限公司

续表

序号	企业名称	序号	企业名称
517	华电水务装备（天津）有限公司	554	天津市贝特瑞新能源科技有限公司
518	天津金匙医学科技有限公司	555	勇猛机械股份有限公司
519	天津三卓韩一橡塑科技股份有限公司	556	大源无纺新材料（天津）有限公司
520	天下石仓（天津）有限公司	557	天津市现代天骄农业科技有限公司
521	铁科纵横（天津）科技发展有限公司	558	翰林航宇（天津）实业有限公司
522	天津澳普林特科技股份有限公司	559	天津英利模具制造有限公司
523	保光（天津）汽车零部件有限公司	560	天津浩源慧能科技有限公司
524	宏观世纪（天津）科技股份有限公司	561	天津现代天骄水产饲料股份有限公司
525	天津威猛机械制造有限公司	562	天津奥林股份有限公司
526	天津轮翼运动器材有限公司	563	华诚博远钢结构有限公司
527	天津中和胶业股份有限公司	564	小刀科技股份有限公司
528	天津圣金特汽车配件有限公司	565	天津荣盛盟固利新能源科技有限公司
529	海斯坦普汽车组件（天津）有限公司	566	中能（天津）智能传动设备有限公司
530	中天高科特种车辆有限公司	567	中联信达（天津）科技发展有限公司
531	天津东义镁制品股份有限公司	568	天津松园电子有限公司
532	天津市东方先科石油机械有限公司	569	天津市新天钢联合特钢有限公司
533	天津英创汇智汽车技术有限公司	570	天津荣亨集团股份有限公司
534	华德起重机（天津）股份有限公司	571	天津芦台春酿造有限公司
535	安擎（天津）计算机有限公司	572	天津华新盈聚酯材料科技有限公司
536	天津怡和嘉业医疗科技有限公司	573	天津天伟食品有限公司
537	安泰大龙钨钼科技有限公司	574	玖龙纸业（天津）有限公司
538	天津国安盟固利新材料科技股份有限公司	575	天津华翔汽车金属部件有限公司
539	中交二公局第二工程有限公司	576	天津天海精密锻造有限公司
540	博纳斯威阀门股份有限公司	577	天津高盛钢丝绳有限公司
541	天津北玻玻璃工业技术有限公司	578	天津市新天钢中兴盛达有限公司
542	天津华建天恒传动有限责任公司	579	天津市凯诺实业有限公司
543	贝特瑞（天津）纳米材料制造有限公司	580	天津赛德生物制药有限公司
544	天津宝兴威科技股份有限公司	581	天津卓宝科技有限公司
545	天津天元海科技开发有限公司	582	天津华源时代金属制品有限公司
546	天津宝涞精工集团股份有限公司	583	天津民祥药业有限公司
547	首瑞（天津）电气设备有限公司	584	天津市联众钢管有限公司
548	林德英利（天津）汽车部件有限公司	585	爱玛科技集团股份有限公司
549	天津卡尔斯阀门股份有限公司	586	天津华源线材制品有限公司
550	天津市津宝乐器有限公司	587	天津龙创恒盛实业有限公司
551	上工富怡智能制造（天津）有限公司	588	天津津通铁塔股份有限公司
552	天津市旭辉恒远塑料包装股份有限公司	589	天津海钢板材有限公司
553	中投（天津）智能管道股份有限公司	590	天津市大陆制氢设备有限公司

续表

序号	企业名称	序号	企业名称
591	天津瑞孚饲料有限公司	628	天津七一二通信广播股份有限公司
592	天津市宝来工贸有限公司	629	天津七六四通信导航技术有限公司
593	多维绿建科技（天津）有限公司	630	天津光电集团有限公司
594	天津市汉邦植物保护剂有限责任公司	631	中国机房设施工程有限公司
595	天津天海同步科技有限公司	632	中环天仪（天津）气象仪器有限公司
596	天津北特汽车零部件有限公司	633	天津六〇九电缆有限公司
597	天津立鑫晟新材料科技有限公司	634	天津光电惠高电子有限公司
598	天津市食品研究所有限公司	635	天津光电聚能专用通信设备有限公司
599	天津瑞福天科模具有限公司	636	天津斯巴克瑞汽车电子股份有限公司
600	天津友发钢管集团股份有限公司	637	天津市中环天佳电子有限公司
601	天津市天立独流老醋股份有限公司	638	中环天仪股份有限公司
602	天津美泰真空技术有限公司	639	天津中环领先材料技术有限公司
603	天津圣达辰洋汽车部件有限公司	640	TCL 中环新能源科技股份有限公司
604	天津欧派集成家居有限公司	641	天津市环欧半导体材料技术有限公司
605	中汽（天津）汽车装备有限公司	642	天津市中环电子计算机有限公司
606	天津中德传动有限公司	643	天津普林电路股份有限公司
607	天津市天应泰钢管有限公司	644	天津渤海化工集团有限责任公司
608	天津盛世永业科技发展有限公司	645	天津长芦海晶集团有限公司
609	天津市德利泰开关有限公司	646	天津大沽化工股份有限公司
610	远大健康科技（天津）有限公司	647	天津渤化永利化工股份有限公司
611	天津博菲德科技有限公司	648	天津长芦汉沽盐场有限责任公司
612	天津宏泰华凯科技有限公司	649	天津渤化橡胶有限责任公司
613	圣保路石油化工（天津）股份有限公司	650	天津渤海精细化工有限公司
614	天津博雅全鑫磁电科技有限公司	651	天津万华股份有限公司
615	天津华能北方热力设备有限公司	652	天津渤海化学股份有限公司
616	天津冶建特种材料有限公司	653	天津市敬业精细化工有限公司
617	天津维智精细化工有限公司	654	天津德凯化工股份有限公司
618	天津渔阳酒业有限责任公司	655	津药达仁堂集团股份有限公司
619	天津三环奥纳科技有限公司	656	天津药业集团有限公司
620	天津市特变电工变压器有限公司	657	津药达仁堂集团股份有限公司第六中药厂
621	天津市天锻压力机有限公司	658	津药达仁堂集团股份有限公司乐仁堂制药厂
622	天津市天发重型水电设备制造有限公司	659	天津达仁堂京万红药业有限公司
623	天津国际机械有限公司	660	津药达仁堂集团股份有限公司达仁堂制药厂
624	天津泵业机械集团有限公司	661	津药达仁堂集团股份有限公司隆顺榕制药厂
625	天津金山电线电缆股份有限公司	662	天津郁美净集团有限公司
626	天津市百利纽泰克电气科技有限公司	663	天津天女化工集团股份有限公司
627	天津市百利电气有限公司	664	天津北方食品有限公司

续表

序号	企业名称	序号	企业名称
665	天津津酒集团有限公司	673	天津嘉立荷牧业集团有限公司
666	天津东洋油墨有限公司	674	天津二商迎宾肉类食品有限公司
667	天津市山海关饮料有限公司	675	天津三建建筑工程有限公司
668	天津天纺投资控股有限公司	676	天津二建建筑工程有限公司
669	天纺标检测认证股份有限公司	677	天津港（集团）有限公司
670	天津市赛远科技有限公司	678	天津港航工程有限公司
671	中法合营王朝葡萄酿酒有限公司	679	天津港信息技术发展有限公司
672	天津海河乳品有限公司	680	天津铁厂有限公司

天津市两院院士名录

中国科学院院士（16 名）

姓名	单位	姓名	单位
刘广均	核工业理化工程研究院	张伟平	南开大学
周 恒	天津大学	宋礼成	南开大学
张春霆	天津大学	周其林	南开大学
姚建铨	天津大学	陈永川	南开大学
程津培	南开大学	刘丛强	天津大学
葛墨林	南开大学	陈 军	南开大学
饶子和	南开大学	卜显和	南开大学
龙以明	南开大学	元英进	天津大学

中国工程院院士（17 名）

姓名	单位	姓名	单位
钱皋韵	核工业理化工程研究院	陈予恕	天津大学
汪顺亭	中国船舶重工集团公司第七〇七研究所	吴以成	天津理工大学
吴咸中	天津医科大学	余贻鑫	天津大学
王静康	天津大学	张伯礼	天津中医药大学
石学敏	天津中医药大学第一附属医院	金东寒	天津大学
李猷嘉	中国市政工程华北设计研究总院有限公司	苏万华	天津大学
叶声华	天津大学	夏长亮	天津工业大学
郝希山	天津医科大学肿瘤医院	王成山	天津大学
刘昌孝	天津药物研究院有限公司		

注：截至 2022 年 12 月 31 日。

第十一部分

主要统计指标解释

科学研究和技术服务业机构

一、人员指标

1. **从业人员期末人数**：指由调查单位年末直接组织安排工作并支付工资的各类人员总数。包括在岗职工、劳务派遣人员和返聘的离退休人员。不包括离退休人员、停薪留职人员。

2. **科技活动人员**：指从业人员中的科技管理人员、科研业务人员和科技服务人员。

3. **科技管理人员**：指调查单位领导及业务、人事管理人员。包括调查单位领导，从事科技计划管理、课题管理、成果管理、专利管理、科技统计、科技档案管理、科技外事工作、人事管理、教育培训、财务等与科技活动有关的人员。

4. **科研业务人员**：指从事科研活动、对外提供科技服务的专业技术人员。

5. **对内科技服务人员**:指直接为调查单位提供科技服务的各类人员，如从事图书、信息与文献、测试、试制、咨询、物资器材供应等工作的人员，以及实验室、试验工厂（车间）、试验农场的人员。不包括司机、门卫、食堂人员、医务人员、清洁工、幼儿园和托儿所的工作人员，以及主要从事生产、经营活动人员。

6. **生产经营活动人员**：指主要从事定型产品的批量生产，单位内部招待所、商店、出版印刷等生产经营和对外服务活动的人员。在单位办经济实体中的院所编制人员也应包括在内。

7. **其他人员**：指从业人员中除了从事科技活动和生产、经营活动人员以外的其余人员，包括从事医疗、工程设计、教学培训和生活后勤服务人员等。

8. **外聘的流动学者**：外聘短期或长期的访问学者、研究人员（编制在其他单位）。

9. **非本单位在读研究生**：指报告期内调查单位招收的在读研究生，不包括本单位在职职工在本单位就读的研究生。

10. **离退休人员**：指报告期内调查单位人事管理部门管理的、仍在世的离退休人员累计数。

11. **高级职称**：指研究员、副研究员，教授、副教授，高级工程，师高级农艺师，正、副主任医（药、护、技）师，高级实验师，高级统计师，高级经济师，高级会计师，编审（正、副编审），译审（正、副译审），高级（主任）记者，正、副研究馆员等。

12. **中级职称**：指助理研究员、讲师、工程师、农艺师、主治医（药、护、技）师、实验师、统计师、经济师、会计师、编辑、翻译、记者、馆员等。

13. **初级职称**：指研究实习员、助教、助理工程师、技术员、助理农艺师、农业技术员、医（药、护、技）师、医（药、护、技）士、助理实验师、实验员、助理统计师、统计员、助理经济师、助理会计师、会计员、助理编辑、见习编辑、助理翻译、助理记者、助理馆员、管理员等。

14. **R&D 人员**：指报告期内调查单位 R&D 活动单位中从事基础研究、应用研究和试验发展活动的人员。包括①直接参加 R&D 活动的人员；②与 R&D 活动相关的管理人员和直接服务人员，即直接为 R&D 活动提供资料文献、材料供应、设备维护等服务的人员。不包括为 R&D 活动提供间接服务的人员，如餐饮服务、安保人员等，也不包括全年从事 R&D 活动工作量不到 0.1 年的人员。

15. **R&D 全时人员：**指报告期内调查单位从事 R&D 活动的实际工作时间占制度工作时间 90% 及以上的人员，其全时当量计为 1 人年。

16. **R&D 非全时人员：**指报告期内调查单位从事 R&D 活动的实际工作时间占制度工作时间 10%（含）~ 90%（不含）的人员，其全时当量按工作时间比例计为 0.1 ~ 0.9 人年；从事 R&D 活动的实际工作时间占制度工作时间不足 10% 的人员，不计入 R&D 人员，也不计算全时当量。

17. **R&D 人员折合全时当量：**指报告期内调查单位 R&D 人员按实际从事 R&D 活动时间计算的工作量，以“人年”为计量单位。是全时人员折合全时当量与所有非全时人员工作量之和，结果取整数。一个全时人员的折合全时当量计为 1，非全时人员按实际投入工作量进行累加。

18. **研究人员：**指从事新知识、新产品、新工艺、新方法、新系统的构想或创造的专业人员及 R&D 项目（课题）主要负责人员和 R&D 机构的高级管理人员。

19. **专业技术人员：**指专门从事科学研究和专业技术工作的人员。

二、经费指标

1. **科技活动收入：**指报告期内调查单位开展科技活动所获得的收入，无论来源渠道如何。

2. **政府资金：**指由各级政府部门直接拨款或企、事业单位利用政府资金委托调查单位从事科学技术活动所获得的收入。

3. **财政拨款：**指报告期内调查单位实际收到的本级财政拨款，含一般公共预算拨款和政府性基金预算拨款，不包括离退休人员的政府拨款。

4. **承担政府科研项目收入：**指报告期内调查单位为了开展科学研究、新产品试制、中间试验、科技成果示范性推广等科技活动，通过签订协议、合同或其他形式申请并获得的政府经费，包括课题专项、设备专项和其他专项。

5. **技术性收入（事业单位）：**指本单位从事科学技术活动所获得的非政府资金（毛收入），如企、事业单位和社会团体利用自有资金委托本单位开展科学技术活动所提供的资金，由技术开发收入、技术转让收入、技术咨询及技术服务收入、学术活动和科普活动收入几项合计。

6. **技术性收入（企业）：**指企业全年用于技术转让、技术承包、技术咨询与服务、技术入股、中试产品收入及接受外单位委托的科研收入等。

技术转让收入：指企业科研与开发活动的成果通过技术贸易、技术转让所获得的收入。

技术承包收入：包括技术项目设计承包、技术工程和技术承包所获得的收入。

技术咨询与服务收入：指企业利用自己的人力、物力和数据系统等为社会和用户提供技术情报、技术资料、技术咨询、测试分析及其他类型的技术服务所获得的收入。

技术开发收入：指企业承担社会各方面委托技术开发活动所获得的收入。

7. **政府委托 / 采购：**指由各级政府部门使用财政资金，购买或委托企业进行研究开发所获得的收入。

8. **国外委托：**指中国国外的企业、大学、国际组织、民间组织、金融机构及外国政府委托在中国境内注册的各类企业用于技术开发活动的经费。不包括外国在中国注册的企业提供的技术开发经费。

9. 企业委托： 指接受其他企业委托本企业从事技术开发活动所获得的收入。

10. 国外资金： 指中国境外的企业、大学、国际组织、民间组织、金融单位及外国政府提供给在中国境内注册的各类单位用于科技活动的经费。不包括外国在中国注册的企业提供的经费。

11. 生产经营活动收入： 指报告期内调查单位在专业业务活动及辅助活动之外开展非独立核算经营活动取得的收入，包括产品（商品）销售收入、经营服务收入、工程承包收入、租赁收入和其他经营收入。

12. 其他收入： 指开展科技活动与生产、经营活动以外的各项收入，包括医院的医疗活动、工程设计活动、教学培训等活动收入和离退休人员政府拨款。

13. 科技经费内部支出： 指报告期内调查单位用于内部开展科技活动、可在当期直接作为费用计入成本的支出，包括来自科研渠道以及其他各种渠道的经费实际用于科技活动支出的费用，以及外协加工费。

14. 日常性支出： 指报告期内调查单位发生的、可在当期直接作为费用计入成本的支出，包括人员劳务费、折旧和摊销以及其他日常性支出。

人员劳务费：指报告期内调查单位以货币或实物形式直接或间接支付给科技活动人员的劳动报酬及各种费用，包括工资、奖金以及所有相关费用和福利。

其他日常性支出：指报告期内调查单位用于科技活动而购置的原材料、燃料、动力、工器具等低值易耗品，以及各种相关直接或间接的管理和服务等支出。

15. 资产性支出： 指报告期内调查单位进行固定资产建造、购置、改扩建及大修理等的支出，包括土地与建筑物支出、仪器与设备支出、资本化的计算机软件支出、专利和专有技术支出等。

16. 生产经营支出： 指报告期内调查单位在专业业务活动及辅助活动之外开展非独立核算经营活动发生的支出。

17. 其他支出： 指开展科技活动与经营活动以外的各项活动的内部支出，包括医院的医疗活动、工程设计活动、教学培训等活动内部支出，离退休人员费用。

18. 科技活动经费支出（企业）： 指报告期内企业用于开展科技活动的费用合计，包括人员人工费用、直接投入费用、折旧费用与长期待摊费用、无形资产摊销费用、设计费用、装备调试费用与试验费用、委托外部研究开发费用及其他费用。

人员人工费用：指报告期内企业支付给科技活动人员的工资薪金、基本养老保险费、基本医疗保险费、失业保险费、工伤保险费、生育保险费和住房公积金，以及外聘研究开发人员的劳务费用等。

直接投入费用：指报告期内企业为实施科技研究开发活动而实际发生的相关支出。包括直接消耗的材料、燃料和动力费用；用于中间试验和产品试制的模具、工艺装备开发及制造费，不构成固定资产的样品、样机及一般测试手段购置费，试制产品的检验费；用于研究开发活动的仪器、设备的运行维护、调整、检验、检测、维修等费用，以及通过经营租赁方式租入的用于研究开发活动的固定资产租赁费等。

折旧费用与长期待摊费用：指报告期内企业为实施科技活动而购置的仪器和设备及在用建筑物的折旧费用，包括研发设施改建、改装、装修和修理过程中发生的长期待摊费用等。

无形资产摊销费用：指报告期内企业用于研究开发活动的软件、知识产权、非专利技术（专有技术、许可证、设计和计算方法等）的摊销费用等。

设计费用：指报告期内企业为新产品和新工艺进行构思、开发和制造，进行工序、技术规范、规程制定、操作特性方面的设计等发生的费用，包括为获得创新性、创意性、突破性产品进行的创意设计活动发生的相关费用等。

装备调试费用与试验费用：装备调试费用指报告期内企业在工装准备过程中研究开发活动所发生的费用，包括研制特殊、专用的生产机器，改变生产和质量控制程序，或者制定新方法及标准等活动所发生的费用。不包括为大规模批量化和商业化生产所进行的常规性工装准备和工业工程发生的费用。试验费用包括新药研制的临床试验费、勘探开发技术的现场试验费、田间试验费等。

委托外单位开展科技活动的经费：指报告期内企业委托境内外其他机构进行科技活动所发生的费用。

其他费用：指报告期内企业除上述费用之外与科技活动直接相关的其他费用，包括技术图书资料费、资料翻译费、专家咨询费、高新科技研发保险费，研发成果的检索、论证、评审、鉴定、验收费用，知识产权的申请费、注册费、代理费，会议费、差旅费、通信费等。

19. **年末固定资产原价**：指固定资产的成本，包括调查单位在购置、自行建造、安装、改建、扩建、技术改造某项固定资产时所发生的全部支出总额。

科研房屋建筑物：指可直接用于科技活动的各种建筑设施。包括实验楼、实验室、实验性工厂（车间）、农场的有关建筑设施、学术报告场所、科技管理的办公建筑、科技器材物资仓库。不包括食堂、职工宿舍等福利性建筑。若以上各种建筑设施不是用于单一目的，按比例折算分别统计。

科学仪器设备：指从事科技活动的人员直接使用的科研仪器设备。不包括与基建配套的各种动力设备、机械设备、辅助设备，也不包括一般运输工具（科学考察用交通运输工具除外）和专用于生产的仪器设备。若科研与生产共用的仪器设备，则按其使用目的，统计在主要一方（不包括长期闲置的仪器和设备）。

科学仪器设备中进口：指报告期末固定资产中从国外购入的仪器和设备的原价（不包括长期闲置的仪器和设备）。

20. **R&D 经费内部支出**：指报告期内调查单位内部为实施 R&D 活动而实际发生的全部经费，应按“全成本核算”的口径进行计量。包括人员工资、劳务费、其他日常支出、仪器设备购置费、土地使用和建造费等。不包括与外单位合作研究而拨给对方使用的经费。

人员劳务费：指报告期内调查单位为实施 R&D 活动以货币或实物形式直接或间接支付给 R&D 人员的劳动报酬及各种费用，包括工资、奖金及所有相关费用和福利。非全时人员劳务费应按其从事 R&D 活动实际工作时间进行折算。

其他日常性支出：报告期内调查单位为实施 R&D 活动而购置的原材料、燃料、动力、工器具等低值易耗品，以及各种相关直接或间接的管理和服务等支出。为 R&D 活动提供间接服务的人员费用包括在内。计算 R&D 活动日常支出时，应将整个单位的公共管理费、公用非科研仪器设备购置费等分摊到单位相应 R&D 活动日常支出中。

21. **基础研究**：是一种不预设任何特定应用或使用目的的实验性或理论性工作，其主要目的是获得（已发生）现象和可观察事实的基本原理、规律和新知识。基础研究的成果通常表现为提出一般原理、理论或规律，并以论文、著作、研究报告等形式为主。

22. **应用研究**：是为获取新知识，达到某一特定的实际目的或目标而开展的初始性研究。应用研究是为了确定基础研究成果的可能用途或确定实现特定和预定目标的新方法。其研究成果以论文、著作、研究报告、原理性模型或发明专利等形式为主。

23. **试验发展**：是利用从科学研究、实际经验中获取的知识和研究过程中产生的其他知识，为开发新的产品、工艺或改进现有产品、工艺而进行的系统性研究。其研究成果以专利、专有技术，以及具有新颖性的产品原型、原始样机及装置等形式为主。

24. **R&D 资产性支出**：指报告期内调查单位为实施 R&D 活动而进行固定资产建造、购置、改扩建及大修理等的支出，包括土地与建筑物支出、仪器与设备支出、资本化的计算机软件支出、专利和专有技术支出等。对于 R&D 活动与非 R&D 活动（生产活动、教学活动等）共用的建筑物、仪器与设备等应按使用面积、时间等进行合理分摊。

土建费：指报告期内调查单位为实施 R&D 活动而购置土地（如测试场地、实验室和中试工厂用地）、建造或购买建筑物而发生的支出，包括大规模扩建、改建和大修理发生的支出。

仪器与设备支出：指报告期内调查单位为实施 R&D 活动而购置的、达到固定资产标准的仪器和设备的支出，包括嵌入软件的支出。

资本化的计算机软件支出：指报告期内调查单位为实施 R&D 活动而购置的使用时间超过一年的计算机软件支出。

专利和专有技术支出：指报告期内调查单位为实施 R&D 活动而购置专利和专有技术的支出。

25. **R&D 经费外部支出**：指报告期内调查单位委托其他单位或与其他单位合作开展 R&D 活动而转拨给其他单位的全部经费。不包括外协加工费。

对境内研究机构支出：指当年委托或与境内独立科研单位合作开展 R&D 活动而支付予其的经费。

对境内高等学校支出：指当年委托或与境内高等学校合作开展 R&D 活动而支付予其的经费。

对境内企业支出：指当年委托或与境内企业合作开展 R&D 活动而支付予其的经费。

对境内其他单位支出：指当年委托或与境内其他单位合作开展 R&D 活动而支付予其的经费。

对境外机构支出：指当年委托或与国外或港澳台机构合作开展 R&D 活动而支付予其的经费。

三、课题指标

1. **课题经费内部支出**：指在报告期内为进行该课题研究而实际用于调查单位内的全部支出，包括劳务费、原材料费、其他日常支出、仪器设备购置费、土建费等。不包括折旧费用与长期费用摊销，不包括与外企业合作研究而拨给对方使用的经费。

2. **课题人员折合全时当量**：指报告期内调查单位实际参加课题活动的各类人员工作量的总和（不

包括合作项目中本单位没有发放劳动报酬的外单位人员）。统计时首先把课题人员分为全时人员和非全时人员，然后将非全时人员折算为全时当量，并与全时人员合并成折合全时当量。

四、科技成果指标

1. **专利申请受理数：** 指报告期内调查单位向国内外知识产权行政部门提出专利申请并被受理的件数。

2. **专利授权数：** 指报告期内由国内外知识产权行政部门向调查单位授予专利权的件数。

3. **有效发明专利数：** 指报告期内调查单位作为专利权人在报告年度拥有的、经国内外知识产权行政部门授权且在有效期内的发明专利件数。

4. **专利所有权转让与（及）许可数：** 指报告期内调查单位（企业）向外单位（企业）转让专利所有权或允许专利技术由被许可单位（企业）使用的件数，一项专利多次许可算一件。

5. **专利所有权转让与许可收入：** 指报告期内调查单位（企业）向外单位（企业）转让专利所有权或允许专利技术由被许可单位（企业）使用而得到的收入。包括当年从被转让方或被许可方得到的一次性付款和分期付款收入，以及利润分成、股息收入等。包括以往年份签订转让专利所有权或允许专利技术由被许可单位（企业）使用合同的当年收入。

6. **科技论文（事业单位）：** 指报告年度在学术期刊上发表的最初的科学研究成果。应具备以下 3 个条件：①首次发表的研究成果；②作者的结论和试验被同行重复并验证；③发表后科技界能引用。统计范围为在全国性学报或学术刊物上、省部属大专院校对外正式发行的学报或学术刊物上发表的论文，以及向国外发表的论文。只统计第一作者编制在本单位或者第一署名单位为本单位的论文。

7. **科技论文（企业）：** 在全国性学报或学术刊物上、省部属大专院校对外正式发行的学报或学术刊物上发表的论文，以及向国外发表的论文。只统计本企业科技人员为第一作者的论文。

8. **科技著作：** 指经过正式出版部门编印出版的科技专著、大专院校教科书、科普著作。只统计本单位（企业）科技人员为第一作者的著作。同一书名计为一种著作，与书的发行量无关。

9. **形成国家或行业标准数：** 指报告期内调查单位在自主研发或自主知识产权基础上形成的国家或行业标准。

10. **集成电路布图设计登记数：** 指报告期内调查单位向知识产权行政部门提出登记申请并被受理登记的集成电路布图设计的件数。

11. **植物新品种权授予数：** 指报告期内调查单位向农业、林业行政部门（审批机关）提出申请并被授予植物新品种的项数。

12. **软件著作权数：** 指报告期内调查单位向国家版权局提出登记申请并被受理登记的软件著作权数。

13. **新药证书数：** 指报告期内调查单位向国家食品药品监督管理局提出申请并被批准新药证书数。

规模以上工业企业、建筑业企业和重点服务业企业

1. **从业人员：**指报告期末最后一日24时在本单位工作并取得工资或其他形式劳动报酬的人员数。该指标为时点指标，不包括最后一日当天及以前已经与单位解除劳动合同关系的人员，是在岗职工、劳务派遣人员及其他从业人员之和。

2. **R&D活动人员合计中全时人员：**指企业在报告期内实际从事R&D活动的时间占全年工作时间90%及以上的人员数。

3. **R&D活动人员合计中非全时人员：**指报告期内从事R&D活动的时间占全年工作时间10%（含10%）~ 90%（不含90%）的人员数。

4. **R&D经费内部支出：**指用于基础研究、应用研究、试验发展活动的经费支出，只填列本企业内部支出。

5. **企业办科技机构：**指企业自办（或与外单位合办）管理上同生产系统相对独立（或单独核算）的专门科技活动机构，如企业办的技术中心、研究院所、开发中心、开发部、实验室、中试车间、试验基地等。企业办科技活动机构经过资源整合被国家或省级有关部门认定为国家级或省级技术中心的应按一个机构填报。与外单位合办的科技活动机构若主要由本企业出资兴办，则由本企业统计，否则应由合办方统计。企业科技管理职能处（科）室（如科研处、技术科等）一般不统计在内；若科研处、技术科等同时挂有科技活动机构的牌子，视其报告年度内主要工作任务而定，主要任务是从事科技活动的可以统计，否则不予统计。本指标不含企业在中国境外设立的科技活动机构数。

机构人员合计：指企业办科技活动机构中从事科技活动的人员合计。

机构人员合计中博士毕业：指企业办科技机构中从事科技活动具有博士学历或博士学位的人员。

机构人员合计中硕士毕业：指企业办科技机构中从事科技活动具有硕士学历或硕士学位的人员。

机构经费支出：指企业办科技机构用于内部开展科技活动实际支出的总费用。包括机构人员劳务费（含工资）支出、机构业务费支出、管理费支出、固定资产购建支出，以及其他维持机构正常工作的日常费用等的支出总和。

仪器和设备原价：指企业办科技机构固定资产中仪器和设备的原价，不包括长期闲置的仪器和设备。

6. **专利申请数：**指企业在报告期内向国内外知识产权行政部门提出专利申请并被受理的件数。

专利申请数中发明专利：指企业向国内外知识产权行政部门提出发明专利申请并被受理的件数。

7. **有效发明专利数：**指企业作为专利权人在报告期拥有的、经国内外知识产权行政部门授权且在有效期内的发明专利件数。

8. **发表科技论文：**指企业立项的科技项目产生的、在有正规刊号的刊物上发表的科技论文数量。

9. **拥有注册商标数：**指企业作为第一商标注册人拥有的、经境内外商标行政部门核准注册且在有效期内的商标件数。包括在境内和境外注册的商标件数，一件商标在境内外同时注册时只统计一件。

10. **形成国家或行业标准数：**指企业在自主研发或自主知识产权基础上形成的经有关部门批准的国

家或行业标准项数。

11. 新产品产值： 指报告期内企业生产的新产品的产值。新产品是指采用新技术原理、新设计构思研制、生产的全新产品，或在结构、材质、工艺等某一方面比原有产品有明显改进，从而显著提高了产品性能或扩大了使用功能的产品。新产品产值、新产品销售收入既包括经政府有关部门认定并在有效期内的新产品，也包括企业自行研制开发，未经政府有关部门认定，从投产之日起一年之内的新产品。

12. 新产品销售收入： 指报告期内企业销售新产品实现的销售收入。

新产品销售收入中出口：指报告期企业将新产品销售给外贸部门和直接出售给外商所实现的销售收入。

13. 来自政府部门的研发资金： 指报告期内企业使用的从政府有关部门得到的科技活动资金，包括纳入国家计划的中间试验费、政府科技贷款等。

14. 研究开发费用加计扣除减免税： 指企业按有关政策和税法规定税前加计扣除的研究开发活动费用所得税，按当年税务部门实际减免的税额填报。对尚未得到当年减免税额的企业，按上年实际减免税额填报。

15. 高新技术企业减免税： 指高新技术企业按照国家有关政策依法享受的企业所得税减免额，按当年税务部门实际减免的税额填报。对尚未得到当年减免税额的企业，按上年实际减免税额填报。

16. 技术改造经费支出： 指企业在报告期内进行技术改造而发生的费用支出。技术改造指企业在坚持科技进步的前提下将科技成果应用于生产的各个领域（产品、设备、工艺等），用先进工艺、设备代替落后工艺、设备，实现以内涵为主的扩大再生产，从而提高产品质量、促进产品更新换代、节约能源、降低消耗，全面提高综合经济效益。

17. 购买境内技术经费支出： 指企业在报告期内购买境内其他单位科技成果的经费支出，包括购买产品设计、工艺流程、图纸、配方、专利、技术诀窍及关键设备的费用支出。

18. 引进境外技术经费支出： 指企业在报告期内用于购买境外技术的费用支出，包括产品设计、工艺流程、图纸、配方、专利等技术资料的费用支出，以及购买关键设备、仪器、样机和样件等的费用支出。

19. 消化吸收经费支出： 引进技术的消化吸收指对引进技术的掌握、应用、复制而开展的工作，以及在此基础上的创新。引进技术的消化吸收经费支出包括人员培训费，测绘费，参加消化吸收人员的工资、工装、工艺开发费，必备的配套设备费，翻版费等。消化吸收经费支出中属于科技活动的经费支出除包含在本项外，还要计入企业科技活动经费支出。

高等学校

1. **教学与科研人员**：指在统计年度内高等学校在册职工，从事大专及以上教学、R&D、R&D 成果应用及科技服务工作人员，以及直接为上述工作服务的人员。包括统计年度内从事科技活动累计工作时间达一个月以上的外籍和高教系统以外的专家和访问学者。

2. **高级人员**：包括具有教授、副教授、高级工程师等高级技术职务（职称）的科技人员。

3. **中级人员**：包括具有讲师、工程师等技术职务（职称）的科技人员。

4. **初级人员**：包括具有助理工程师等技术职务（职称）的人员及大学毕业暂未定职务（职称）的人员。

5. **辅助人员**：指高中以下学历，未评定职称的从事与教学、科研活动的实施有关的工作人员，包括教学、科研秘书、办事员等一切为科技活动提供直接服务的人员。

6. **科技活动人员工资**：指学校上级主管部门按预算下达的工资中用于 R&D 活动人员的部分。

7. **企、事业单位委托项目经费**：指学校从校外企、事业单位获得的 R&D 活动项目经费。

8. **金融机构贷款**：指在报告期内从金融机构获得的用于 R&D 活动的各种贷款。

9. **自筹经费**：指学校从自有资金或其他各种收入中提取并转用于研究与发展活动的经费。

10. **境外资金**：指从中国境外的各种组织、机构、企业、大学等获得的用于 R&D 活动的经费。包括合作研究、捐赠等。统计时，按当时国家外汇兑换率折合成人民币填报。

港澳台地区合作项目经费：指从港澳台地区获得的合作研究、捐赠等科研经费，如霍英东基金等。统计时，按当时国家外汇兑换率折合成人民币填报。

11. **转拨给外单位经费**：指学校委托外单位或与外单位合作进行 R&D 活动而拨付给对方的经费。

12. **科研基建费**：指在本报告期内进行 R&D 活动而进行的基建、改扩建、装修等项目的实际支出。

13. **业务费**：指学校从事 R&D 活动的全部实际消耗性支出，如原材料费、水电费、差旅费、计算机机时费、资料印刷费、学术会议费等。

14. **间接费**：指学校在组织实施项目过程中发生的无法在直接费用中列支的相关费用，主要包括补偿学校为项目研究提供的现有仪器设备及房屋、水、电、气、暖消耗等间接成本，有关管理工作费用，以及激励科研人员的绩效支出。

管理费：指学校从科技项目（课题）经费或其间接经费中提取一定比例为项目承担单位组织管理项目而支出的费用。

15. **暂付款**：指款额已经拨出，但尚未核销冲帐的经费。

16. **R&D 经费支出**：指本年度研究机构用于内部开展研发活动实际支出的费用。

17. **仪器设备原价**：指研究机构报告期末固定资产中仪器和设备的账面原价（不包括长期闲置不用的仪器和设备）。

进口：指研究机构报告期末固定资产中从国外购入的仪器和设备的账面原价（不包括长期闲置不用的仪器和设备）。

18. 科研事业费：指学校上级主管部门从科学事业费、教育事业费中通过切块和按项目戴帽下达，以及学校从教育事业费中安排的研究经费。